フル
カラー
図解

高校数学
の基礎が
150分
でわかる本

米田優峻

ダイヤモンド社

はじめに

　本書を手に取ってくださり、誠にありがとうございます。この本は、主に次のような方に向けた、高校数学の超入門書です。

- **高校数学をはじめて学ぶ方**
- **数学を学び直したい方**
- **数学で挫折したことのある方**

　本書の大きな特徴は、気軽に読めることです。これだけは知ってほしい基礎に絞って約200ページで解説しているため、数時間あれば十分読み切ることができます。

　しかし、本書にはもっと重要な特徴があります。これは、**「誰でも高校数学の基礎が身につく」** という最強の構成になっていることです。

　高校数学を扱った本は他にもたくさんありますが、その中の多くは難しくてかなりの読者が脱落してしまうか、イラストや会話などの雰囲気でわかった気にはなるけれど結局身につかないかのいずれかです。

　ですが、本書には以下の4つの"秘密"があるため、誰でも高校数学の基礎を身に付けることができると確信しています。（詳しくは第1章をご覧ください）

1. 中学数学からしっかりサポート
2. 「数式」よりも「フルカラーの図」
3. 数学が役立つ実用例が豊富
4. 穴埋め式の問題で確実に身につく

　それでは、さっそく始めましょう。

高校数学の基礎が150分でわかる本
CONTENTS

これから数学を学ぶ皆さんへ

第2部 関数編

chapter 09 データを分析するための「統計」 ················· 89

chapter 10 さらに深いデータ分析をしよう ················· 101

休憩 思考力を高めるパズルに挑戦 ················· 111

第**4**部 微分積分編

第5部 その他のトピック

本書の内容を振り返ってみよう

これから数学を
学ぶ皆さんへ

この部のゴール

　本書を手に取ってくださり、ありがとうございます。第1部ではまず本書の特徴について紹介し、その後高校数学を学ぶうえで必要となる中学数学の基礎を少しだけ解説します。

本書の特徴と構成

本章では、この本の特徴について、そしてこの本で一体何を学ぶのかについて簡単に紹介します。それでは高校数学の旅をスタートしましょう。

1.1 ▶ 高校数学の基礎が誰でも身につく！

まず断っておくと、世の中にはたくさんの高校数学の本があります。学校の教科書から大人の学び直し用の本まで、さまざまな目的の本が毎週のように出版されています。

しかし、その中の多くは、難しくてかなりの読者が脱落してしまうか、イラストや会話などの雰囲気でわかった気にはなるけど結局身につかないかのいずれかです。つまり、**「高校数学の基礎を誰でも身につけられる本」は決して多くない**のです。

そこで、「高校数学の基礎を誰でも身につけられる本」に最大限近づくため、本書には以下の 4 つの特徴を備えました。

特徴 1：中学数学からしっかりサポート！

1 つ目の特徴は、本書が前提としているレベルが低いことです。一般的な高校数学の本は中学数学の知識を前提としていますが、**本書は算数の知識だけで読めます**。つまり、「もしかしたら中学数学にも不安があるかも…」という方でも大丈夫です。

それでは、なぜ中学数学が不安でも読めるのでしょうか。理由は、高校数学の基礎を理解するうえで前提となる中学数学の知識[1]も必要に応じて丁寧に解説しているからです。実際、本書は高校数学の本なのに、なん

※1：なお、この本で中学数学の範囲を全部解説しているわけではないことにご注意ください。「高校数学の基礎」を学ぶうえで前提となる中学数学の知識のみを解説しています。

と**全体の2割強が中学範囲**になっています。

特徴2：「数式」よりも「フルカラーの図」

　2つ目の特徴は、フルカラーの図が多いことです。一般的な高校数学の本は複雑な数式が多く、理解するのに時間がかかりますが、本書は難しい数式をあまり使わないように心掛けました。[※2]

　その代わり、**全部で250点以上のフルカラーの図**を使い、読者が数学的な内容をイメージできるように最大限努力しました。

特徴3：数学が役立つ実用例が豊富

　3つ目の特徴は、数学が役立つ例が多いことです。日本人が数学でつまずく要因の1つとして「数学がどう役立つかわからない」ことが挙げられますが、本書ではそんな心配はありません。データ分析、投資、電気料金をはじめとする**実用的な具体例**をたくさん掲載しています。

電気料金 →39ページ	投資 →55ページ	リスク分析 →86ページ	新規事業 →86ページ
データ分析 →101ページ	新幹線の速度 →125ページ	給料 →162ページ	上り坂 →174ページ

※2：もちろん数式ゼロで高校数学を説明するのは無理ですが、本書では数式が出ても簡単な
　　　数式だけで説明するようにしています。

特徴4：穴埋め式の問題で確実に身につく

4つ目の特徴は、穴埋め式の演習問題です。まず、高校数学の基礎を使えるレベルまで身につけるには、手を動かして問題を解くことが非常に大切です。しかし、問題が難しすぎると挫折される方も多いでしょう。

そこで本書の演習問題は、**順に穴埋めしていけば自然に解けてしまうような形式**にしました。章の確認程度の簡単な内容ですので、ぜひ演習問題もチャレンジしてみてください。

1.2 ▶ たった150分※3で読める！

ここまでは、本書がわかりやすい理由について説明しましたが、実はもう1つ特徴があります。それは短時間で読めることです。

高校数学の教科書は内容が多く、文系が学ぶ範囲（数学Ⅰ・A・Ⅱ・B）に限っても800ページ以上あります※4。そして、教科書というものは1ページにたくさんの内容を詰め込んでいるので、普通の本に換算すると、人によっては1500ページ、もしくは2000ページ以上に思えるでしょう。

しかし本書は、**「これだけは知ってほしい」という超基礎に絞って約200ページで解説しました。** そのため受験などには向きませんが、部活で忙しい中高生、会社で忙しいビジネスパーソンであっても気軽に読むことができます。はじめての方、学び直しの方の1冊目の本として最適です。

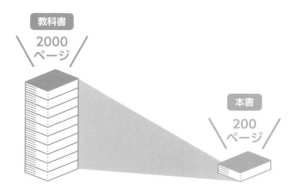

1.3 ▶ この本で何を学ぶのか

　本書の特徴の紹介が終わったので、いよいよ学習する内容について説明します。本書では、大きく分けて以下の4つのテーマを学びます。

第2部：関数編

　第2部では、世の中のさまざまな現象を理解するうえで必要となる関数について解説します。まずは「関数とは何か」というところから始め、後半では指数関数や対数関数、そして関数と実社会のつながりについて学びます。

第3部：場合の数／確率統計編

　第3部では、物事を数学的に分析するときに大切な、場合の数／確率／統計という3つの道具を学びます。場合の数の知識は、何パターンの可能性があるかを分析するときに必要です。確率の知識は、リスクや損得を分析するときに必要です。そして統計の知識は、データを分析するときに必要です。

第4部：微分積分編

　第4部では、主に微分と積分について学びます。微分積分は高校数学の難所として名高いですが、実はそれほど難しくありません。

第5部：その他のトピック

　第5部では、ここまでに説明しきれなかった重要なトピック（三角関数や数列など）をいくつか紹介します。

　なお、第5部の後には知識を定着させるための「本書の内容を振り返ってみよう」というコーナーがあります。

※3：演習問題をしっかり解いても、5〜6時間で読み終わると思います。

※4：たとえば、数研出版の『数学Ⅰ』『数学A』『数学Ⅱ』『数学B』の教科書のページ数を全部足すと、808ページになります。（令和6年度版の場合）

本書ではこんなことを学べる！

第2部
関数編

関数とは
→ 28 ページ

一次関数
→ 34 ページ

第3部
場合の数／確率統計編

場合の数の公式
→ 67 ページ

確率
→ 80 ページ

第4部
微分積分編

関数の微分
→ 127 ページ

関数の積分
→ 137 ページ

第5部
その他のトピック

互除法
→ 148 ページ

01001010
100100…

2進法
→ 153 ページ

二次関数
→ 40 ページ

指数関数
→ 45 ページ

対数関数
→ 52 ページ

期待値
→ 84 ページ

ヒストグラム
→ 90 ページ

標準偏差
→ 94 ページ

相関係数
→ 103 ページ

等差数列
→ 161 ページ

等比数列
→ 161 ページ

三角比
→ 169 ページ

三角関数
→ 176 ページ

chapter 02 まずは中学数学の基礎を速習しよう

高校数学に足を踏み入れる前に、まずは前提となる中学数学の基礎をいくつか紹介します。他の章と比べて覚えることが多いですが、9ページで終わるのでご安心ください。

2.1 ▶ ゼロより小さい数

小学校ではゼロ以上の数しか習いませんが、世の中には**ゼロより小さい数**もあります。具体的には、ゼロの下には −1(マイナス 1)、−2(マイナス 2)、−3(マイナス 3)のような数があります。

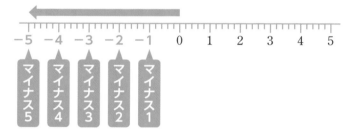

イメージが湧かない方は、気温を想像してください。冬の寒い日に気温がゼロ度を下回ると、ニュースで「最低気温は −7℃(マイナス 7℃)です」と聞くこともあるでしょう。これがゼロより小さい数、マイナスの正体です。[1]

演習問題 **2.1**

−3 のひとつ下の数はいくつですか。

答え (　　　　)

※1：先頭にマイナスが付いたゼロより小さい数のことを、数学用語では「負の数」といいます。

2.2 ▶ マイナスを含む足し算

それでは、「−1 足す 7」や「3 足す −5」のようなマイナスの数を含む足し算をするにはどうすれば良いのでしょうか。

足し算をする上でのポイントは、**数直線上の移動**[※2] を考えることです。具体的には、2 つ目の数（−1 足す 7 でいう 7）がプラスの場合は右の移動、マイナスの場合は左の移動を行います。

具体例

まずは「−1 足す 7」を計算してみましょう。地点 −1 から右に 7 移動すると地点 6 にたどり着くので、足し算の答えは 6 です。

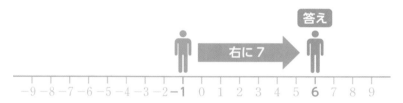

次に「3 足す −5」を計算してみましょう。地点 3 から左に 5 移動すると地点 −2 にたどり着くので、足し算の答えは −2 です。

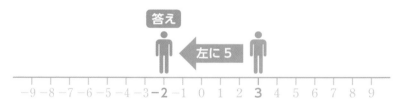

※ 2：数直線は 2.1 節のように、直線上に数を対応させたものです。

2.3 ▶ マイナスを含む引き算

マイナスの数を含む引き算も、足し算と同じように数直線上の移動を考えると簡単です。しかし、足し算とは**移動方向が逆**になります。つまり2つ目の数がプラスの場合は左の移動、マイナスの場合は右の移動をします。

具体例

まずは「−1引く7」を計算してみましょう。地点 −1 から左に7移動すると地点 −8 にたどり着くので、引き算の答えは −8 です。

次に「3引く −5」を計算してみましょう。地点3から右に5移動すると地点8にたどり着くので、引き算の答えは8です。

演習問題 2.2

カッコの中の数を埋めてください。数直線を使って解いても良いです。

・−1 足す −6 は（　　　）

・−1 引く −3 は（　　　）

ヒント：地点 −1 から出発しよう

−9 −8 −7 −6 −5 −4 −3 −2 **−1** 0 1 2 3 4 5 6 7 8 9

2.4 ▶ マイナスを含む掛け算／割り算

それでは、掛け算についてはどうでしょうか。**片方だけがマイナスのときに限り、答えにマイナスを付ければ良い**です。

たとえば、2掛ける3、−2掛ける3、2掛ける −3、−2掛ける −3の計算結果は下図のようになります。「−2掛ける −3」のように両方マイナスの場合は、答えにマイナスを付けないことに注意してください。

2掛ける　3=**6**

−2掛ける　3=**−6**
2掛ける −3=**−6** ｝ この2つだけ
マイナスを付ける

−2掛ける −3=**6**

割り算の場合も同様です。12割る −4のように片方だけがマイナスの場合に限り、答えにマイナスを付ければ良いです。

12割る　4=**3**

−12割る　4=**−3**
12割る −4=**−3** ｝ この2つだけ
マイナスを付ける

−12割る −4=**3**

演習問題 2.3

−10割る4を計算してください。

答え　10÷4は（　　　　）なので、答えは（　　　　）

2.5 ▶ 同じ数を何回も掛ける「累乗」

次に累乗について説明します。累乗は、以下のように**同じ数を何回も掛ける演算**です。

- ・2 を 4 回掛けると $2 \times 2 \times 2 \times 2 = 16$
- ・5 を 3 回掛けると $5 \times 5 \times 5 = 125$
- ・8 を 3 回掛けると $8 \times 8 \times 8 = 512$

ここで、2 を 4 回掛けた数のことを「**2 の 4 乗**」といい、2^4 と書きます。つまり $2^4 = 16$ です。

同様に、5 を 3 回掛けた数のことを「**5 の 3 乗**」といい、5^3 と書きます。つまり $5^3 = 125$ です。8 の 3 乗など、他の累乗も同様です。

演習問題 **2.4**

7^2 はいくつですか。

答え （　　　）×（　　　）＝（　　　）

2.6 ▶ 2回掛けると元の数になる「ルート」

$\sqrt{}$（ルート）は**2回掛けると元の数になる数を求める演算**です。[3] 具体例を以下に示します。

・4を2回掛けると16になるので、$\sqrt{16}$ は4
・5を2回掛けると25になるので、$\sqrt{25}$ は5
・7を2回掛けると49になるので、$\sqrt{49}$ は7

なお、ルートは正方形の一辺の長さを考えると想像しやすいです。たとえば面積 16cm^2 の正方形の一辺は 4cm であり、これは $\sqrt{16}$ と一緒です。ここでは、$\sqrt{-1}$ のようなマイナスの数のルートは考えないことにします。

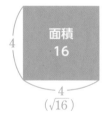 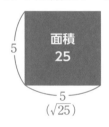 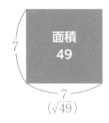

 **2.5**

$\sqrt{36}$ はいくつですか。

答え（　　　　）

※3：たとえば -4 を2回掛けても16になりますが、ルートの答えは0以上でなければならないという決まりがあるので、$\sqrt{16}$ の値は -4 ではなく4です。

2.7 ▶ 文字式とは

最後に文字式について説明します。文字式は、$a+5$、$12×b$、$x+y+z$ などのように、**文字を使った式**のことを指します。

たとえばリンゴが a 個、ミカンが 5 個あるとき、果物の合計個数は $a+5$ という式で表されますが、この $a+5$ という式は文字式です。[※4]

| リンゴ a 個 | ミカン 5 個 | 合計 $a+5$ 個 |

また、b ダースの鉛筆を買ったとき、鉛筆の合計本数は $12×b$ という式で表されますが、この $12×b$ という式は文字式です。

なお、突然 a などの文字が出てきて驚いた方もいると思いますが、数学の世界ではリンゴの数のような「わからない数」に a, b, c のような文字を割り当て、よりシンプルな形で書くことが一般的です。

演習問題 **2.6**

一辺の長さが a [cm] の正方形の面積を、文字式で表してください。カッコに当てはまる数字を入れる形式です。

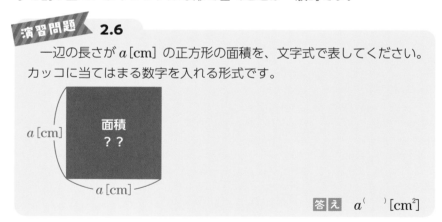

a [cm]

面積
？？

a [cm]

答え $a^{(\ \ )}$ [cm^2]

※4：たとえば、リンゴの個数 a が 4 個のとき、果物の合計個数 $a+5$ は 9 個になります。また、リンゴの個数 a が 2 個のとき、果物の合計個数 $a+5$ は 7 個になります。

2.8 ▶ 文字式の書き方のルール

ここまでは「文字式がどういうものか」について説明しましたが、文字式の書き方には以下のようなルールがあります。

	具体例
ルール1：掛け算記号は省略※5	a かける b を表すとき △ $a \times b$ ○ ab
ルール2：数×文字は数を前に	a かける2を表すとき △ $a2$ ○ $2a$
ルール3：1を掛けるときは1を省略	a かける1を表すとき △ $1a$ ○ a
ルール4：−1を掛けるときは マイナスだけを付ける	a かける −1を表すとき △ $-1a$ ○ $-a$

例として、100円玉 a 枚と50円玉 b 枚があったときの合計金額を文字式で書いてみましょう。

まず、100円玉だけの合計金額は $100 \times a$ 円、50円玉だけの合計金額は $50 \times b$ 円なので、全体の合計金額は $100 \times a + 50 \times b$ 円となります。

ところが、文字式を書くときは掛け算記号が省略されるので、合計金額の文字式は $100a + 50b$ 円となります。

演習問題 2.7

500円玉 a 枚と100円玉 b 枚があったとき、合計金額はどのような文字式で表されますか。

答え （　　　　　　　　）

※5：なお、本書では伝わりやすさを優先するため、あえて「$a \times b$」のような書き方をする場合があることに注意して下さい。

2.9 ▶ さあ、高校数学をはじめよう

　第2章の内容は以上です。第1部にしては覚えることが多かったと思います。

が、とりあえずお疲れ様でした。

　次の第3章以降は本書のメインに入っていきますが、それほど怖い内容ではありません。本書を読むために必要なスタートラインは、小学校算数の知識と、今回学んだ「**マイナスの数**」「**累乗とルート**」「**文字式**」のみです。つまり、第2章を読んだ皆さんは、すでに準備が整っています。

　ですので、恐れずに本書を読み進めてください。それではいよいよ、離陸の時間です。

 . . . .

問題1
−3 掛ける −6 はいくつですか。

（　　　　）

問題2
太郎君は毎日 a ページずつ本を読みます。7日間で何ページ読むことになりますか。文字式で表してください。[ヒント：2.8節]

（　　　　）ページ

第2部

関数編

この部のゴール

関数は、世の中のいろいろな現象を理解するうえで大切となる数学的事項です。たとえば 2020 年以降に猛威を振るった新型コロナウイルス感染症は爆発的に拡大し、国内初感染からわずか4カ月で累計感染者数が 1 万人を超えたのを覚えていますでしょうか。実はこのような現象も、第 2 部で扱う指数関数を学べば理解できます。

第 2 部では「関数とは何か」から始め、一次関数／二次関数／指数関数／対数関数という 4 つの代表的な関数について学びます。実用的な例も多いので、ぜひお読みください。

ゼロからわかる関数

本章では、関数とは一体どういうものか、そして関数を見やすくするための「関数のグラフ」について紹介します。中学数学の範囲ですが、まずはここから確認しましょう。

3.1 ▶ 関数とは

関数は、**ある数が決まると別の数も自動的に決まるような関係**のことを指します。例として、日数と時間数の関係について考えましょう。

- ・日数が 1 日のとき、時間数は 24 時間
- ・日数が 2 日のとき、時間数は 48 時間
- ・日数が 3 日のとき、時間数は 72 時間

のように、日数が決まると時間数も自動的に決まってしまいます。ですから**時間数は日数の関数である**といえます。[1]

※ 1：（決まってしまう方）は（決まる方）の関数である、という言い方をします。

3.2 ▶ 関数の例(1)：車の運転

次に、東京から前橋までの 100 キロを一定の速度で運転するときの、時速と所要時間の関係について考えてみましょう。

・時速 20 キロのとき、所要時間は 5 時間
・時速 25 キロのとき、所要時間は 4 時間
・時速 50 キロのとき、所要時間は 2 時間

のように、時速が決まると所要時間も自動的に決まってしまいます。ですから**所要時間は時速の関数である**といえます。

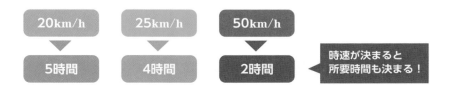

3.3 ▶ 関数の例(2)：お釣り

もう 1 つの例として、10 円玉しか持ってないときの「商品の値段」と「お釣りの金額」の関係について考えてみましょう。

・値段が 68 円のとき、お釣りは 2 円
・値段が 85 円のとき、お釣りは 5 円
・値段が 94 円のとき、お釣りは 6 円

のように、値段が決まるとお釣りも自動的に決まってしまいます。ですからお釣りは商品の値段の関数であるといえます。

3.4 ▶ 関数の式の書き方

次に、数学の世界での関数の書き方について説明します。基本的には、決める数を x、自動的に決まる数を y という文字で表し、**$y=[$何か$]$** という形式で関数を書きます。

たとえば 3.1 節で挙げた日数と時間数の例はどうでしょうか。時間数は $24\times$（日数）なので、関数の式は **$y=24x$** となります。[2]

また、3.2 節で挙げた車の運転の例はどうでしょうか。所要時間は $100\div$（時速）なので、関数の式は **$y=100\div x$** となります。

演習問題 3.1

太郎君はコンビニで時給 1500 円のアルバイトをしています。給料 y は、労働時間 x に対してどのような関数で表されますか。カッコにあてはまる数を書いてください。

答え　$y=($　　　$)x$

演習問題 3.2

立方体の体積 y は、立方体の一辺の長さ x に対してどのような関数で表されますか。カッコに当てはまる数を書いてください。

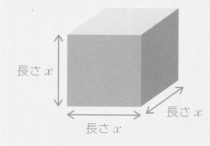

長さ x
長さ x
長さ x

答え　$y=x^{(\ )}$

※2：日数が「決める数 x」、時間数が「自動的に決まる数 y」であることに注意してください。

3.5 ▶ 関数を見やすくする「グラフ」

前節で説明した関数の式は便利ですが、少しわかりづらいという問題があります。たとえば $y = 100 \div x$ という式を見ただけでは

・x が増えると y が減る
・x が 5 を超えると y が 20 を下回る

のような関数の性質が一瞬ではイメージできません。そこで**関数のグラフ**というものを使えば一目でわかります。

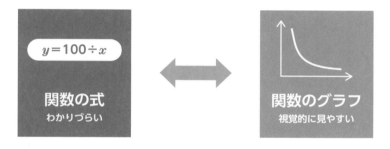

それでは、関数のグラフは一体どんなものなのでしょうか。まずは以下の気温グラフをご覧ください。

このグラフは「現在時刻」と「気温」の関係を図で表しており、たとえば 6 時の気温は約 12℃、8 時の気温が約 16℃ であることが読み取れます。

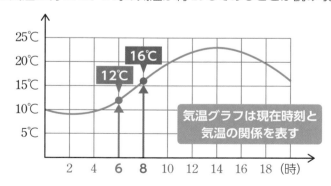

実は関数のグラフもそれと同じように、**「x」と「y」の関係を図で表したもの**です。たとえば関数 $y=24x$ のグラフは下図のようになり、

- ・$x=1$ のとき y の値が $24×1=24$
- ・$x=2$ のとき y の値が $24×2=48$
- ・$x=3$ のとき y の値が $24×3=72$

であることを示しています。（他の x の値についても同様）

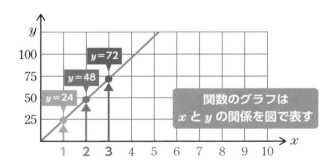

　また、関数 $y=100÷x$ のグラフはどうなるのでしょうか。答えは下図のようになり[※3]、このグラフは

- ・$x=1$ のとき y の値が $100÷1=100$
- ・$x=2$ のとき y の値が $100÷2=50$
- ・$x=3$ のとき y の値が $100÷3=33.3…$

であることを示しています。（他の x の値についても同様）

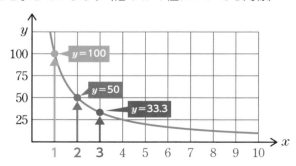

このような関数のグラフを見ると、「$y=24x$ は x が増えると y が右肩上がりに増え、$y=100\div x$ は x が増えると y が右肩下がりに減る」などの関数の性質が一目でわかります。

関数 $y=24x$
x が増えると
y が右肩上がりに増加

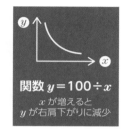

関数 $y=100\div x$
x が増えると
y が右肩下がりに減少

chapter **3** のまとめ

▶ 関数とは、ある数が決まると別の数が自動的に決まる関係
▶ 関数は $y=24x$ のように x と y の式で表すのが基本
▶ 関数のグラフは、x と y の関係を図で表したもの

※3：本当は $x=10$ より先もグラフが続いているのですが、ここでは省略しています。

一次関数と二次関数

前章では「関数とは何か」を説明しましたが、本章では最も基本的な関数である一次関数と二次関数について学習し、関数に慣れることを目標とします。

4.1 ▶ 一次関数とは

一次関数とは、以下の形式で表される関数のことです。ただし[数値]のところはゼロやマイナスになってもかまいません。[※1]

$$y = \boxed{数値}\, x + \boxed{数値}$$

たとえば、$y = 3x + 5$ や $y = -2x + 6$ は一次関数です。また、$y = 4x$ も $y = 4x + 0$ と同じなので一次関数です。

さらに、少し難しいですが $y = x - 6$ も一次関数です。なぜなら、左側の[数値]のところに 1 を入れて、右側の[数値]のところに -6 を入れると $y = x - 6$ になるからです[※1]。（下図をご覧ください）

$y = 3x + 5$ の場合	▶	$y = \boxed{3}\, x + \boxed{5}$
$y = -2x + 6$ の場合	▶	$y = \boxed{-2}\, x + \boxed{6}$
$y = 4x$ の場合	▶	$y = \boxed{4}\, x + \boxed{0}$
$y = x - 6$ の場合	▶	$y = \boxed{1}\, x + \boxed{-6}$

※1：厳密には、左側の[数値]だけはゼロであってはいけません。

ただし、$y=x^2$ や $y=4 \div x$ は前述の形式に則っていないので、一次関数ではありません。

第2部
関数編

演習問題 **4.1**

次のうち一次関数であるものに、マルを付けてください。

・[　　　] $y=4x+8$

・[　　　] $y=x+1$

・[　　　] $y=-x+1$

・[　　　] $y=-77x$

・[　　　] $y=x^3$

3章で出てきた
関数 $y=24x$ も
一次関数ですね

4.2 ▶ 一次関数のグラフ

一次関数のグラフは、**必ず直線になる**ことが知られています。たとえば一次関数 $y=0.5x+1$ の場合、

- $x=1$ のとき y の値が $0.5\times1+1=1.5$
- $x=2$ のとき y の値が $0.5\times2+1=2$
- $x=3$ のとき y の値が $0.5\times3+1=2.5$
- $x=4$ のとき y の値が $0.5\times4+1=3$

などになるため、関数のグラフは以下のようになります。たしかに直線になっていますね。

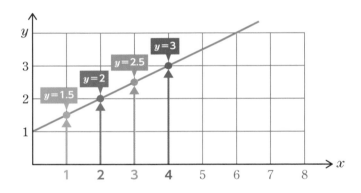

一応、他の一次関数のグラフも以下にいくつか示しますが、すべて直線になっています。

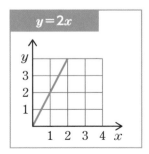

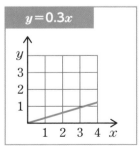

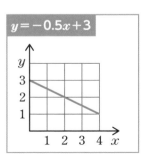

それでは、一次関数のグラフはなぜ必ず直線になるのでしょうか。この理由は、x が 1 増えたときの増分（**一次関数の傾き**といいます）が必ず一定の値になるからです。

たとえば関数 $y=0.5x+1$ の場合、y の値は $1.5 \to 2.0 \to 2.5 \to 3.0 \cdots$ と常に 0.5 ずつ増えていきます。

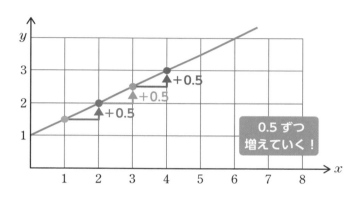

演習問題 **4.2**

次のうち、関数 $y=-0.5x+4$ のグラフはどれですか。

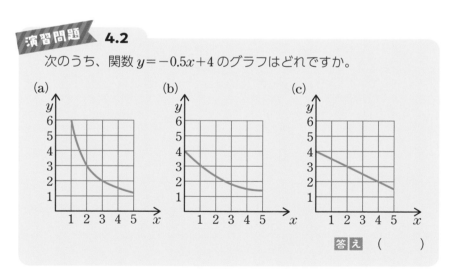

(a)　　　　　　　　(b)　　　　　　　　(c)

答え　（　　　　）

4.3 ▶ 一次関数の例(1)：年収

次に、一次関数の身近な例をいくつか紹介します。1つ目の例は年収の変化です。入社時の年収が300万円であり、その後1年ごとに年収が20万円ずつ上がっていくケースを考えます。このとき、入社 x 年後の年収 y は、どのような関数で表されるのでしょうか。

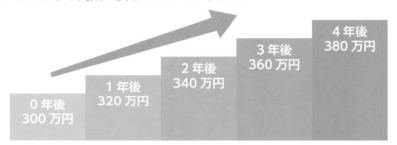

年収の式は 20×（経過年数）＋300 ［単位：万円］なので、年収は一次関数 $y=20x+300$ で表されることがわかります。[2]

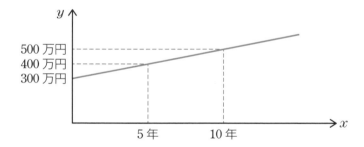

演習問題 **4.3**

入社時の年収が 800 万円であり、その後 1 年ごとに年収が 50 万円ずつ上がる場合、入社 x 年後の年収 y はどのような関数で表されますか。

答え　$y=(\quad)x+(\quad)$

※2：ここでは、x が整数でないとき（例：0.5 年後など）を考えないものとします。

4.4 ▶ 一次関数の例⑵：電気料金

2つ目の例は電気料金です。ある電力会社のスタンダードプランでは、電気の使用量にかかわらず基本料金が1430円かかります。また、電気を1kWh使うごとに従量料金が20円かかります。

つまり、たとえば電気を100kWh使った場合、基本料金1430円に加えて従量料金$20 \times 100 = 2000$円がかかるので、電気代は$1430 + 2000 = 3430$円になります。それでは、電気をxkWh使ったときの電気代yはどのような関数で表されるのでしょうか。

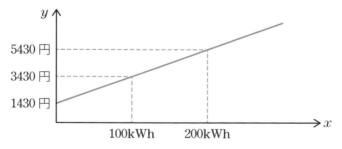

基本料金		従量料金		電気代の合計
1430円 電気を使わなくてもかかる	+	20円/1kWh 電気を使うほどかかる	=	

料金の式は$20 \times$（使用量）$+ 1430$なので、料金は一次関数 $y = 20x + 1430$ で表されることがわかります。このように、世の中のいろいろなものが一次関数で表されます。

演習問題 **4.4**

基本料金が1200円、1kWhあたりの従量料金が30円の場合、電気をxkWh使ったときの電気代yはどのような関数で表されますか。

答え $y = ($ 　　　$)x + ($ 　　　$)$

第2部 関数編

4.5 ▶ 二次関数とは

一次関数の説明が終わったので、次は二次関数について説明します。**二次関数**は、以下のように x^2 までの式で表される関数です。ただし[数値]のところはゼロやマイナスになってもかまいません。[3]

$$y=\boxed{\text{数値}}\,x^2+\boxed{\text{数値}}\,x+\boxed{\text{数値}}$$

たとえば、関数 $y=2x^2+3x+4$ や関数 $y=-3x^2+5x+7$ は二次関数です。また、関数 $y=2x^2$ も $y=2x^2+0x+0$ と同じなので二次関数です。

さらに、少し難しいですが $y=x^2-9x$ も二次関数です。なぜなら、1つ目の[数値]のところに1、2つ目の[数値]のところに -9、3つ目の[数値]のところに 0 を入れれば、$y=x^2-9x$ になるからです。

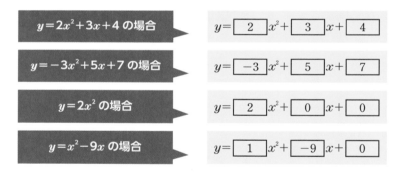

ただし、$y=x^3$ や $y=4\div x$ は前述の形式に則っていないので、二次関数ではありません。

演習問題 4.5

次のうち二次関数であるものに、マルを付けてください。

- [   ] $y=-3x^2-4x-5$
- [   ] $y=1\div(x+1)$

※3：厳密には、1つ目の[数値]だけはゼロであってはいけません。

4.6 ▶ 二次関数のグラフ

それでは、二次関数のグラフはどんな形になるのでしょうか。まずは最も単純な二次関数である $y=x^2$ は、

- $x=-2$ のとき y の値が $(-2)\times(-2)=4$
- $x=-1$ のとき y の値が $(-1)\times(-1)=1$
- $x=-0$ のとき y の値が $0 \times 0 =0$
- $x=1$ のとき y の値が $1 \times 1 =1$
- $x=2$ のとき y の値が $2 \times 2 =4$

などになるため、関数のグラフは以下のようになります。

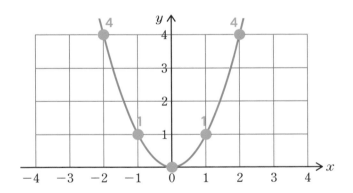

このように $y=x^2$ のグラフは、ボールを投げるときの軌道である放物線を上下逆にしたような形になります。

それでは、他の二次関数のグラフの場合はどうでしょうか。実は二次関数のグラフは、**必ず「放物線」か「放物線の上下逆」のいずれかになる**ことが知られています※4。（下の図をご覧ください）

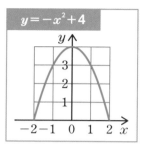
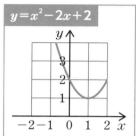
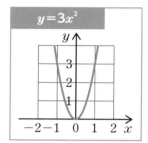

演習問題 **4.6**

次のうち、関数 $y = 0.5x^2$ のグラフはどれですか。

(a)
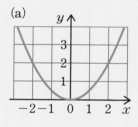

(b)
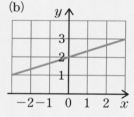

(c)
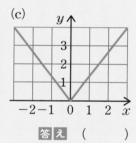

答え（　　　）

chapter **4** のまとめ

▶ 一次関数は $y = [数値]x + [数値]$ で表され、グラフは直線
▶ 二次関数は $y = [数値]x^2 + [数値]x + [数値]$ で表され、グラフは放物線または放物線の上下逆

※4：二次関数のグラフが放物線になる理由は、高校3年生レベルの内容であるため、本書では扱わないことにします。

column

三次関数

本章の後半では、x^2 までの式で表される二次関数について紹介しました。同様に、x^3 までを使って以下の形式で表される関数を三次関数といいます。

$$y = \boxed{数値}x^3 + \boxed{数値}x^2 + \boxed{数値}x + \boxed{数値}$$

それでは、三次関数のグラフはどんな形になるのでしょうか。二次関数は「放物線」と「放物線の上下逆」だけでしたが、三次関数は下図のようにいろいろな形があります。

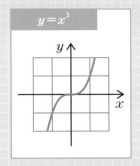

$y = x^3$

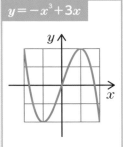

$y = -x^3 + 3x$

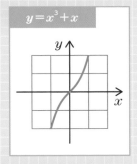

$y = x^3 + x$

また、世の中には三次関数のさらに先もあります。x^4 までを使って表される関数を四次関数、x^5 までを使って表される関数を五次関数…といいます。なお、五次関数ともなると、グラフは下図のとおりかなり複雑なものになります。（グラフのイメージだけわかれば大丈夫です）

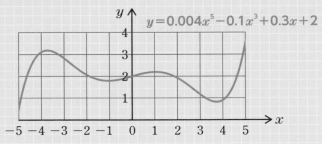

$y = 0.004x^5 - 0.1x^3 + 0.3x + 2$

chapter 05 一気に増える指数関数

皆さん、ニュースなどで「指数関数的な増加」といった表現を聞いたことはありますでしょうか。本章では具体的な事例とともに、指数関数について学んでいきましょう。

5.1 ▶ 累乗の復習からはじめよう

まずは第2章で扱った累乗の復習からはじめます。a^b は 「**a の b 乗**」といい、**a を b 回掛けた数**を表します。

たとえば、2^3 は2を3回掛けた数なので $2 \times 2 \times 2 = 8$ です。また、5^3 は5を3回掛けた数なので $5 \times 5 \times 5 = 125$ です。

$$2^3 = 2 \times 2 \times 2$$

$$5^3 = 5 \times 5 \times 5$$

演習問題 5.1

以下の表について、カッコの中に入る数を埋めてください。

累乗	2^1	2^2	2^3	2^4	2^5	2^6
答え	2	( )	( )	( )	( )	( )

5.2 ▶ 指数関数とは

それでは、指数関数の説明に入りましょう。**指数関数**は以下の形式で表される関数です。（$y = $[数値]の x 乗です[※1]）

$$y = \boxed{数値}^x$$

たとえば、$y=2^x$ や $y=3^x$ などは指数関数ですが、$y=x^2$ などはこの形式に則っていないため、指数関数ではありません。（注意：$y=2^x$ を $y=2x$ と間違えないようにしましょう）

 5.2

次のうち指数関数であるものに、マルを付けてください。
- [   ] $y=10^x$
- [   ] $y=2x+1$

それでは、指数関数のグラフはどのような形になるのでしょうか。もし[数値]が 1 より大きければ[※2]、**右肩上がりに増加します**。たとえば、$y=2^x$ のグラフは以下のようになります。

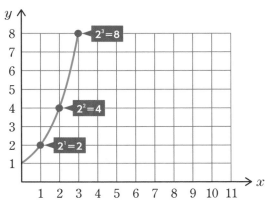

※1：[数値]の部分はゼロより大きくなければなりません。

※2：[数値]が 1 より小さい場合については、5.3 節の後半をご覧ください。

5.3 ▶ 一気に増える指数関数

指数関数の一番の特徴は、やはり**急激に増加すること**です。たとえば、関数 $y=2^x$ の $x=1$、2、3、…、10 における y の値を計算すると下図のようになり、$x=10$ の時点で 1000 を超えてしまいます。

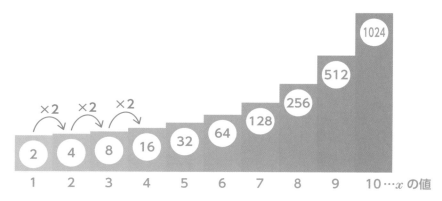

ただし、$y=0.6^x$ や $y=0.8^x$ のように[数値]の部分が 1 より小さい場合、指数関数の値は**急激にゼロに近づきます**。

たとえば、$y=0.8^x$ の場合は下図のようになり、$x=10$ の時点で最初の1割近くまで減ってしまいます。

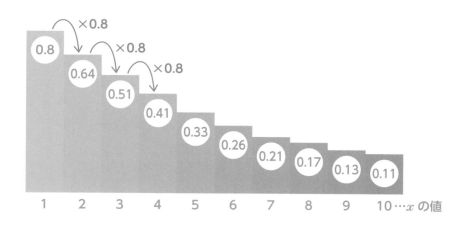

5.4 ▶ 指数関数の例(1)：感染症の拡大

それでは、指数関数の身近な例をいくつか紹介します。1つ目の例は感染症の拡大です。1人が1週間で3人にうつす感染症が発生すると、

・1週間後の感染者数は3人
・2週間後の感染者数は3×3＝9人
・3週間後の感染者数は3×3×3＝27人

と増えていきますが、x週間後の感染者数yはどのような関数で表されるのでしょうか。答えは$y=3^x$です。そして3の7乗は2187なので、7週間後には2000人以上に感染が広がっていることになります。

もし指数関数が急激に増加することを知っていれば、コロナウイルスのような感染症が爆発的に拡大してしまう理由がわかります。

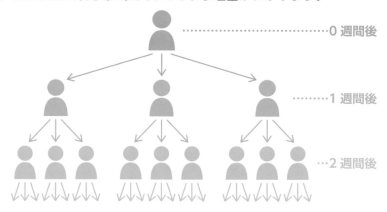

演習問題 **5.3**

前述の感染症の例では、10週間後の感染者数は何人になりますか。電卓機能を使って計算してください。[※3]

答え （　　　　）万（　　　　）人

※3：もしくは、Googleで「3^10」と検索してみましょう。

5.5 ▶ 指数関数の例(2)：会社の成長

2つ目の例は「会社の成長」です。ある会社の社長が「年20％成長」という目標を掲げたとします。もし目標通りになると、会社の規模は

・1年後には1.2倍[4]
・2年後には$1.2 \times 1.2 = 1.44$倍
・3年後には$1.2 \times 1.2 \times 1.2 = 1.728$倍

となりますが、x年後の会社の規模yはどのような関数で表されるのでしょうか。答えは$\boldsymbol{y=1.2^x}$です。そして1.2の20乗は約38.34なので[5]、20年後には約38倍に成長している計算になります。

もし指数関数を知っていれば、年20％という小さな成長でも、繰り返せばとても大きくなることがわかります。

演習問題 5.4

もし会社が年30％成長を続けた場合、x年後の会社の規模yはどのような関数で表されますか。カッコの中を埋めてください。

答え $y = ($ 　　　$)^x$

※4：年20％成長は、年1.2倍に成長するのと同じであることに注意してください。
※5：Googleで「1.2^20」と検索すると答え（約38.34）がわかります。

5.6 ▶ 発展：実は 2^{-1} や $2^{0.5}$ も計算できる

　最後に少し発展的なトピックについて紹介します。ここまでは 2^2 や 2^3 のようなプラス乗しか扱いませんでしたが、実は 2^{-1} のような**マイナス乗**もあります。でも、一体どうやって計算すれば良いのでしょうか。

　まず、関数 $y=2^x$ では x が1増えると y が2倍になります。これを逆にすれば、**x が1減ると y が半分**になります。

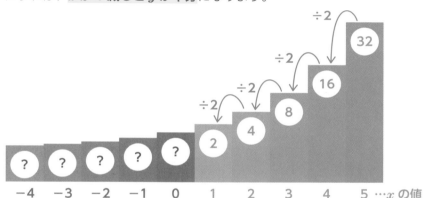

　そこで「y を半分にする」という操作を続けてみましょう。すると下図のように、$2^0=1$、$2^{-1}=0.5$、$2^{-2}=0.25$…がわかります。これでマイナス乗を計算することができました。

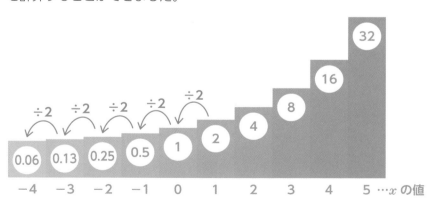

5.5

以下の表について、カッコの中に入る数を埋めてください。

累乗	10^{-2}	10^{-1}	10^0	10^1	10^2	10^3
答え	(　　)	(　　)	(　　)	10	100	1000

また、$2^{0.5}$ のような小数乗もあります。計算方法は少し難しいですが、1ステップずつ丁寧に説明していきましょう。

まずは指数関数の重要な性質を1つ紹介します。**2^a と 2^b を掛けたら 2^{a+b} になります**。たとえば、3＋4＝7 なので $2^3 \times 2^4 = 2^7$ となります。

| 2を3回掛けた数 $2 \times 2 \times 2$ | 2を4回掛けた数 $2 \times 2 \times 2 \times 2$ | 全体では2を7回掛けている！ |

$$2^3 \times 2^4 = 2^{3+4} = 2^7$$

この性質は、小数乗の場合でも成り立ちます。たとえば 0.5＋0.5＝1 なので $2^{0.5} \times 2^{0.5} = 2^1$ となります。

$$2^{0.5} \times 2^{0.5} = 2^{0.5+0.5} = 2^1$$

それでは、先程の「$2^{0.5} \times 2^{0.5} = 2^1$」という式から何か見えてくることはあるのでしょうか。

$2^1 = 2$ なので、$2^{0.5}$ は「同じ数を2回掛けると2になる数」です。したがって、$2^{0.5}$ は $\sqrt{2}$ [※6] となります。これで小数乗が計算できました。

※6：約 1.414 です。なお、$\sqrt{2}$ の値が約 1.414 であることは、Google で「ルート 2」と検索すると確認できます。

 **5.6**

$2^{84} \times 2^{16}$ は、2 の何乗ですか。カッコに入る数を書いてください。

答え 2 の(）乗

chapter 5 のまとめ

▶ 指数関数は $y =$ [数値]^x の形で表される
▶ 指数関数のグラフは、急激に増加する（ただし掛ける数が 1 未満の場合、急激に 0 に近づく）
▶ 2^{-1} や $2^{0.5}$ など、「マイナス乗」や「小数乗」も計算できる

chapter 06

何年で10倍になる？対数関数

対数 log は「何乗したら目的の数になるか」を表します。そう聞くと少し難しそうに思えるかもしれませんが、実は投資やグラフ作成などの日常生活の場面でも出てきます。一体どんなものなのでしょうか。

6.1 ▶ 対数とは、何乗すれば良いか

皆さん、log[1] という数学記号を見たことがありますか。log は**何乗したら目的の数になるか**を表す記号です。

具体的には、「2 を何乗すれば x になるか」を $\log_2 x$ と書きます。たとえば、2 を 3 乗すると 8 になるので、$\log_2 8 = 3$ です。（他の例は下図）

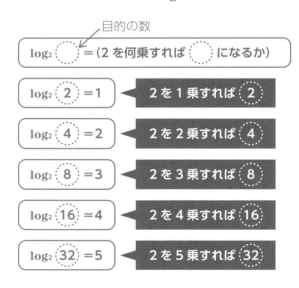

目的の数

$\log_2 \bigcirc = (2\ を何乗すれば\ \bigcirc\ になるか)$

$\log_2 (2) = 1$ ◀ 2 を 1 乗すれば (2)

$\log_2 (4) = 2$ ◀ 2 を 2 乗すれば (4)

$\log_2 (8) = 3$ ◀ 2 を 3 乗すれば (8)

$\log_2 (16) = 4$ ◀ 2 を 4 乗すれば (16)

$\log_2 (32) = 5$ ◀ 2 を 5 乗すれば (32)

※1：読み方はそのまま「ログ」と読みます。

また、「10 を何乗すれば x になるか」を $\log_{10}x$ と書きます。たとえば、10 を 2 乗すると 100 になるので、$\log_{10}100=2$ です。（他の例は下図）

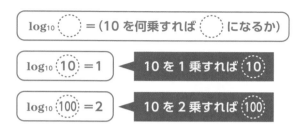

さらに、「3 を何乗すれば x になるか」を $\log_3 x$ と書きます。たとえば、3 を 2 乗すると 9 になるので、$\log_3 9=2$ です。$\log_4 x$ や $\log_5 x$ など、他の数の場合も同様です。

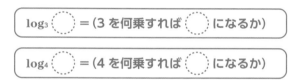

 **6.1**

$\log_5 125$ の値はいくつですか。（ヒント：5 を何乗すれば 125 になりますか？）

答え（　　　）

6.2 ▶ 対数関数とは

それでは、対数関数の説明に入りましょう。**対数関数**は、以下のような
形式で表される関数です。

$$y = \log_{\boxed{\text{数値}}} x$$

たとえば、$y = \log_2 x$ や $y = \log_{10} x$ などは対数関数ですが、$y = x^2$ などは
この形式に則っていないため、対数関数ではありません。

また、対数関数のグラフは基本的に**右肩上がりで緩やかに増加します**[※2]。
たとえば、$y = \log_{10} x$ のグラフは、下図のようになります。

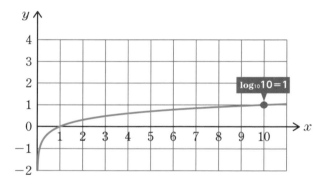

6.2

次のうち対数関数であるものに、マルを付けてください。

・[　　]　$y = \log_8 x$
・[　　]　$y = 3^x$

※2：ただし、[数値] の部分が 1 未満のときは右肩下がりで減少します。

6.3 ▶ 対数関数の例(1)：投資

それでは、対数関数は世の中にどう活用されているのでしょうか。1つ目の例は投資です。

あなたは今 1000 万円を持っており、上手に投資をすると、所持金を年率 10％で、つまり 1 年で 1.1 倍に増やせるとします。このとき所持金は

- ・1 年後には 1000×1.1＝1100 万円
- ・2 年後には 1100×1.1＝1210 万円
- ・3 年後には 1210×1.1＝1331 万円

と増えていきますが、所持金が **10 倍の 1 億円**になるのは何年後でしょうか。

x 年後の所持金は最初の 1.1^x 倍になるので、必要な年数は 1.1 を何乗すれば 10 になるか、つまり **$\log_{1.1} 10$ 年**です。

そこで $\log_{1.1} 10$ を電卓で計算すると 24.15… という値が出るので、**25 年**あれば所持金が 10 倍になるとわかります。なお、log の値を電卓で計算する方法については、本章最後のコラムをご覧ください。

 **6.3**

　先程の投資の例で、所持金を 20 倍の 2 億円にするには何年必要なのでしょうか。カッコに当てはまる数を書いてください。

　　　　　　　　　　　　　　　　　　答え　$\log_{1.1}$ (　　　) 年

6.4 ▶ 対数関数の例(2)：対数グラフ

対数関数が世の中に役立つ他の例として、対数グラフが挙げられます。**対数グラフ**は、下図右側のように1目盛りの大きさを「10倍[※3]」にしたグラフです。（注意：1目盛りの大きさは10ではなく10倍です）

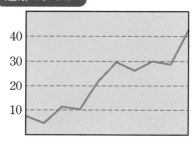

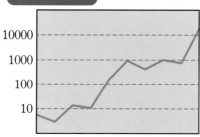

対数グラフがどう役立っているかを紹介する前に、まずは対数グラフを描く方法を説明します。対数グラフを描くうえでのポイントは、a というデータを載せるときに「**一番下から $\log_{10}a$ 目盛り分上に進んだところに点を打つ**」ということです。

たとえば $\log_{10}5000$ の値は約3.7なので、5000というデータを載せたいときは3.7目盛り進んだところに点を打てば良いです。

また、$\log_{10}200$ の値は約2.3なので、200というデータを載せたいときは2.3目盛り進んだところに点を打てば良いです。

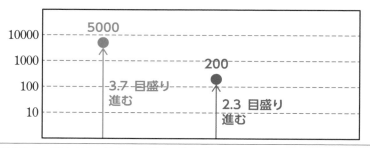

※3：場合によっては、10倍ではなく100倍や2倍などになることもあります。

それでは、ここまで説明してきた対数グラフは、世の中のどのような場面で役に立っているのでしょうか。

　例として以下のグラフをご覧ください。このグラフは 2020/2 から 2023/1 までのコロナウイルス感染症の東京都内感染者数の月別推移となっていますが、わかりづらい点が 1 つあります。これは、感染者数が少なかった 2020 年のデータが全然読み取れないことです。たとえば第一波がいつピークを迎えたかの情報すらわかりません。

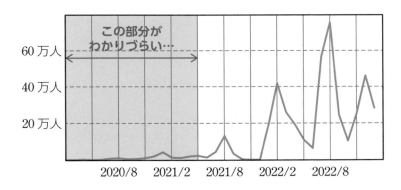

　そこで対数グラフを使うと、2020/4 に第一波のピークを迎えたこと、第一波ピーク時の感染者数が月 4000 人程度だったことなど、従来のグラフではわからなかった情報も見えるようになります。

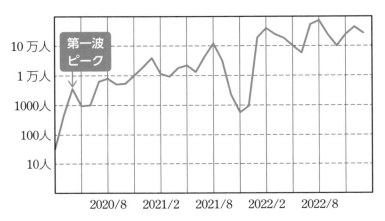

ここまで計30ページにわたって、一次関数・二次関数・指数関数・対数関数という4つの代表的な関数を学びましたが、これで第2部の関数編は終わりです。ひとまずお疲れさまでした。

chapter 6 のまとめ

▶ 対数 log は「何乗したら目的の数になるか」を表す
▶ たとえば $\log_2 x$ は「2を何乗したら x になるか」を表す
▶ 対数関数は、世の中のさまざまな場面で活用できる

column 対数を電卓機能で計算する方法

logの計算は、$\log_{10}100$ や $\log_2 8$ などの一部の例外を除き、人間には難しいです。たとえば $\log_{20}23$ の値は約 1.047 ですが、これをすぐ計算できる人間はほとんどいないでしょう。

そのため、logの計算は電卓機能を使って行うことが多いです。たとえば $\log_{20}23$ の値は、Excel に「＝LOG（23，20）」と入力すれば簡単に計算できます。（20と23の順番を逆にしないように注意しましょう）

＝LOG（23，20）		

	1.046654	

Excel を持っていない方も、https://www.wolframalpha.com/ というウェブサイトを開いて、入力欄に log20(23)のように入力すると、対数の値を計算することができます。

問題1

一次関数であれば A、二次関数であれば B、指数関数であれば C、対数関数であれば D をカッコの中に書いてください。

- [　　　]　関数 $y=x+1$
- [　　　]　関数 $y=\log_5 x$
- [　　　]　関数 $y=9x^2+8x+7$
- [　　　]　関数 $y=1.01^x$

問題2

ある都市の人口は、1年当たり5%のペースで増加しています。このままの勢いで人口の増加が続いた場合、

- ・1年後には人口が 1.05 倍
- ・2年後には人口が $1.05 \times 1.05 = 1.1025$ 倍
- ・3年後には人口が $1.05 \times 1.05 \times 1.05 =$ 約 1.16 倍

になりますが、x 年後の人口が何倍になっているかを y とするとき、これはどのような関数で表されるのでしょうか。次の中から正しいものを選び、マルを付けてください。

（一次関数・二次関数・指数関数・対数関数）

第3部

場合の数／確率統計編

この部のゴール

物事を数学的に分析できるようになりたいと思ったことはありますか。実は数学的な分析を行うには、第3部で学ぶ以下の3つの単元が重要となります。

- 何通りのパターンがあるかを調べる「場合の数」
- リスクや損得を分析するのに大切な「確率」
- データの特徴を分析するのに大切な「統計」

皆さんもこの3つの単元を学び、数学的な分析ができる人になりましょう。

chapter 07 パターンを数える「場合の数」

数学的な分析ができるようになるための最初のステップは、何通りのパターンがあり得るかを数えられるようになることです。本章で、パターンを数えるテクニックを学びましょう。

7.1 ▶ パターンを数えてみよう

早速ですが、問題を解いてみましょう。ある部活には、佐藤、田中、渡辺、山本の4人が所属しています。

この中の1人が部長、1人が副部長になるとき、部長と副部長の組み合わせとしては、一体何通りのパターンが考えられるのでしょうか。(ただし兼任はできないものとします)

答えは **12通り**です。部長と副部長の組み合わせとしては、下図の12通りのパターンが考えられます。

7.2 ▶ 樹形図とは

　それでは、一体どうすれば12通りを抜かりなく正確に数えることができるのでしょうか。最も簡単な方法は、可能性のあるパターンを木の枝のように伸ばした**樹形図**をかくことです。[1]

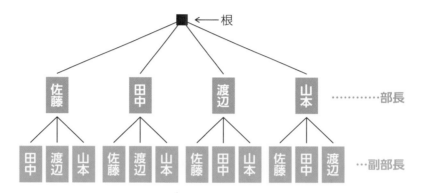

　樹形図は、次のようにしてかくことができます。最初に部長の選択肢をかき、その後に副部長の選択肢を枝分かれさせるのがポイントです。

> **Step 1**　まずは部長の選択肢をかきます。部長は誰を選んでも良いので、下図のようになります。（佐藤、田中、渡辺、山本の4本の枝を根から生やしています）

※1：数学の世界で樹形図をかくときは、根とそれにつながっている線を省略して書くことが多いですが、ここでは見やすさのため、根を付けています。

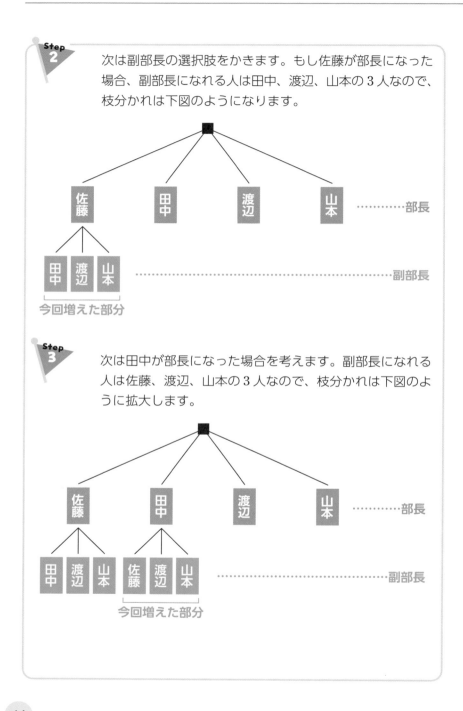

次は副部長の選択肢をかきます。もし佐藤が部長になった
場合、副部長になれる人は田中、渡辺、山本の3人なので、
枝分かれは下図のようになります。

佐藤　田中　渡辺　山本　…………部長

田中　渡辺　山本　……………………………………………副部長

今回増えた部分

次は田中が部長になった場合を考えます。副部長になれる
人は佐藤、渡辺、山本の3人なので、枝分かれは下図のよ
うに拡大します。

佐藤　田中　渡辺　山本　…………部長

田中　渡辺　山本　佐藤　渡辺　山本　……………………副部長

今回増えた部分

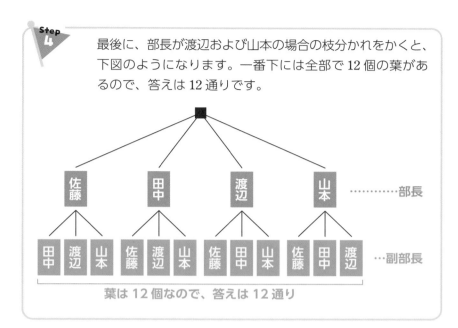

Step 4

最後に、部長が渡辺および山本の場合の枝分かれをかくと、下図のようになります。一番下には全部で 12 個の葉があるので、答えは 12 通りです。

葉は 12 個なので、答えは 12 通り

演習問題 7.1

A、B、C の 3 人がリレーをします。リレーの走順としては何通りが考えられますか。ただし、C の直後に B が走ってはいけません。

答え 樹形図は以下のようになるので、答えは（　　）通り[※2]

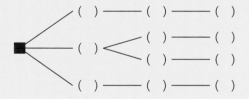

7.3 ▶ 樹形図の問題点

　前節で紹介した樹形図は便利ですが、大きな問題点があります。それは
かくのに時間がかかってしまうことです。先程の例のように 12 通り程度
であれば問題ないのですが、これが 1000 通りや 2000 通りになると、樹形
図をかくだけで日が暮れてしまいます。

　そこで本章の後半では、より速くパターン数を計算するための 3 つの公
式 (積の法則、順列公式、組み合わせ公式) を紹介します。

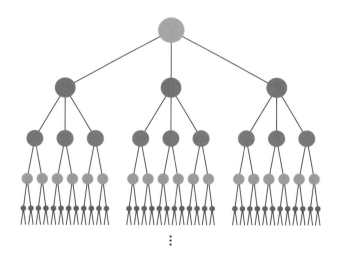

樹形図だと
時間がかかってしまう！

7.4 ▶ 公式⑴：積の法則

最初に説明する公式は「**積の法則**」です。積の法則は、

・1つ目の物事の起こり方が a 通り
・2つ目の物事の起こり方が b 通り

であるとき、**2つの物事の起こり方の組み合わせが $a×b$ 通りである**という公式です。

たとえば、明日の起床時刻を「5時・6時・7時・8時・9時」の5つの中から選び、明日の朝食を「おにぎり・パン」の2つの中から選ぶとします。このとき起床時刻と朝食の組み合わせは、全部で 5×2＝10 通りです。[※3]

また、服のサイズを「S・M・L」の3つの中から選び、服の色を「赤・青・緑・黄・黒・白」の6つの中から選ぶとします。このとき服の選び方の組み合わせは、全部で 3×6＝18 通りです。

なお、このような簡単な式で計算できる理由は、次ページのように長方形のマス目を考えるとわかりやすいです。

※3：1つ目の物事が「起床時刻」、2つ目の物事が「朝食」と考えればわかりやすいでしょう。

たとえば、服の例の場合は、下図のようなマス目を考えましょう。マス目の大きさは縦3行・横6列であり、1つのマスは1つの選び方に対応しているので、答えは3×6という式で計算することができます。

演習問題 **7.2**

マルバツクイズが2問出題されました。答えの組み合わせとしては何通りが考えられますか。

答え　1問目の答えは(　　　)通り
　　　2問目の答えは(　　　)通り
　　　よって、答えの組み合わせは(　　　)×(　　　)=(　　　)通り

演習問題 **7.3**

積の法則は、「起床時刻と朝食」のように物事が2つの場合だけでなく、3つ以上でも成立します。たとえば朝食が5通り、昼食が2通り、夕食が3通りであるとき、食事の組み合わせは5×2×3=30通りとなります。

それでは、マルバツクイズが3問出題されたとき、答えの組み合わせとしては何通りが考えられますか。

答え　1問目の答えは(　　　)通り
　　　2問目の答えは(　　　)通り
　　　3問目の答えは(　　　)通り
　　　よって、答えの組み合わせは(　　　)×(　　　)×(　　　)=(　　　)通り

7.5 ▶ 順列公式の前に

次に説明する公式は「順列公式」ですが、この公式はあまり簡単ではないので、具体例から入りたいと思います。

まず、A〜Eの5人の中からリレーの第一走者・第二走者・第三走者を選ぶ方法は何通りあるのでしょうか。走順が異なる場合は別のものとして考えた場合[4]、答えは60通りです。（下図をご覧ください）

A ▸ B ▸ C	A ▸ B ▸ D	A ▸ B ▸ E	A ▸ C ▸ B
A ▸ C ▸ D	A ▸ C ▸ E	A ▸ D ▸ B	A ▸ D ▸ C
A ▸ D ▸ E	A ▸ E ▸ B	A ▸ E ▸ C	A ▸ E ▸ D
B ▸ A ▸ C	B ▸ A ▸ D	B ▸ A ▸ E	B ▸ C ▸ A
B ▸ C ▸ D	B ▸ C ▸ E	B ▸ D ▸ A	B ▸ D ▸ C
B ▸ D ▸ E	B ▸ E ▸ A	B ▸ E ▸ C	B ▸ E ▸ D
C ▸ A ▸ B	C ▸ A ▸ D	C ▸ A ▸ E	C ▸ B ▸ A
C ▸ B ▸ D	C ▸ B ▸ E	C ▸ D ▸ A	C ▸ D ▸ B
C ▸ D ▸ E	C ▸ E ▸ A	C ▸ E ▸ B	C ▸ E ▸ D
D ▸ A ▸ B	D ▸ A ▸ C	D ▸ A ▸ E	D ▸ B ▸ A
D ▸ B ▸ C	D ▸ B ▸ E	D ▸ C ▸ A	D ▸ C ▸ B
D ▸ C ▸ E	D ▸ E ▸ A	D ▸ E ▸ B	D ▸ E ▸ C
E ▸ A ▸ B	E ▸ A ▸ C	E ▸ A ▸ D	E ▸ B ▸ A
E ▸ B ▸ C	E ▸ B ▸ D	E ▸ C ▸ A	E ▸ C ▸ B
E ▸ C ▸ D	E ▸ D ▸ A	E ▸ D ▸ B	E ▸ D ▸ C

※4：たとえば A → B → C と B → C → A は別のものとして考える、ということです。

それでは、60 通りという答えを素早く計算する方法はあるでしょうか。実は、**第一走者から順に決めていく**という戦略を使うと簡単です。

まずは第一走者を決めます。第一走者としては A〜E の誰を選んでも良いので、第一走者の選び方は 5 通りです。

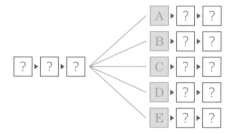

次に第二走者を決めます。第二走者は第一走者と同じ人を選ぶことができないので、第二走者の決め方は 4 通りです。たとえば、第一走者に A が選ばれた場合、第二走者は B・C・D・E の 4 人のうちいずれかとなります。

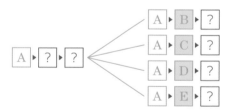

最後に第三走者を決めます。第三走者は第一走者・第二走者と同じ人を選ぶことができないので、第三走者の決め方は 3 通りです。

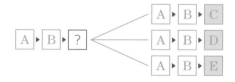

このように、第一走者の決め方は5通り、第二走者の決め方は4通り、第三走者の決め方は3通りあるので、走順の決め方は全部で5×4×3＝60通りあるということがわかります。

5通り		4通り		3通り		60通り
第一走者	×	第二走者	×	第三走者	＝	全体

7.6 ▶ 公式(2)：順列公式

いよいよ本章の山場である順列公式に入ります。まず、先程の例では5人から3人を順番込み[5]で選びましたが、選ぶ方法の数は5×4×3通り、つまり、**3から5までの掛け算**で計算することができました。

また、9人の中から3人を順番込みで選ぶ方法も同じようにして計算することができます。1枠目の決め方は9通り、2枠目の決め方は8通り、3枠目の決め方は7通りあるので、答えは9×8×7＝504通りです。**7から9までの掛け算**になっていますね。

※5：順番込みは、たとえばA→B→CとB→C→Aを別のものとして考える、ということです。

それでは、n 人の中から r 人を順番込みで選ぶ方法は何通りあるのでしょうか。これは **$n-r+1$ から n までの掛け算**になります。なぜなら、

・1 枠目の決め方は n 通り（＝$n-1+1$ 通り）
・2 枠目の決め方は $n-1$ 通り（＝$n-2+1$ 通り）
・3 枠目の決め方は $n-2$ 通り（＝$n-3+1$ 通り）
      ⋮
・r 枠目の決め方は $n-r+1$ 通り

あるからです。なお、このような公式のことを**順列公式**といいます。

例として、先程の「9 人の中から 3 人を順番込みで選ぶケース」について考えてみましょう。

これは順列公式の $n=9$、$r=3$ の場合であり、$n-r+1$ の値は $9-3+1$ $=7$ になるので、答えは 7 から 9 までの掛け算、つまり、$9\times8\times7=504$ 通りとなります。たしかに前ページの答えと一致していますね。

演習問題 7.4

佐藤、田中、渡辺、山本の中から部長と副部長を選ぶ方法の数は何通りでしょうか。ただし兼任はできないものとします。

答え （　　　）人の中から（　　　）人を順番込みで選ぶので、
答えは（　　　）から（　　　）までの掛け算、
つまり（　　　）×（　　　）＝（　　　）通り

特に、n 個のものを並べる順番は**（1 から n までの掛け算）通り**[6] です。たとえば 4 個のものを並べる順番の数は、

- ・1 番目の置き方は 4 通り
- ・2 番目の置き方は 3 通り
- ・3 番目の置き方は 2 通り
- ・4 番目の置き方は 1 通り

なので、答えは 1 から 4 までの掛け算、つまり $4×3×2×1＝24$ 通りです。

演習問題 **7.5**

　佐藤・田中・渡辺の 3 人がカラオケで 1 回ずつ歌います。歌う順番としては何通りが考えられますか。

答え （　　　）から（　　　）までの掛け算なので、（　　　）通り

あともう一息！

※6：数学の世界では、1 から n までの掛け算を $n!$ と略記することがあります（n の階乗と読みます）。たとえば $4!＝4×3×2×1＝24$ です。

7.7 ▶ 組み合わせ公式の前に

最後に説明する公式は組み合わせ公式ですが、これも難易度が高いので具体例から入っていきたいと思います。

まず、5人の部署の中から担当者を3人選ぶ方法は何通りあるのでしょうか。答えは以下に示すように **10通り**です。(リレーの例とは異なり、A、B、CとB、C、Aなどを同じ選び方としてみなすことに注意してください)

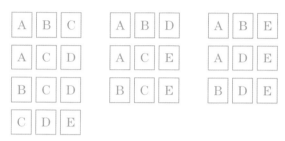

それでは、10通りという答えを素早く計算するにはどうすれば良いのでしょうか。まず、5人の中から3人を順番込み^{※注意}で選ぶ方法は、右ページに示すように全部で **60通り**あります。

ところが、順番無視^{※注意}にした場合、A、B、Cを並べ替えたもの(右図のオレンジ色で示した部分)はすべて「同じもの」になってしまいます。

同様に、C、D、Eを並べ替えたもの(右図の緑色で示した部分)もすべて「同じもの」になってしまいます。

> **注意** ⚠
>
> ▶**順番込みで選ぶ**とは、たとえば、A、B、CとB、C、Aを別の選び方として見なすということです。
>
> ▶**順番無視で選ぶ**とは、たとえば、A、B、CとB、C、Aを同じ選び方として見なすということです。

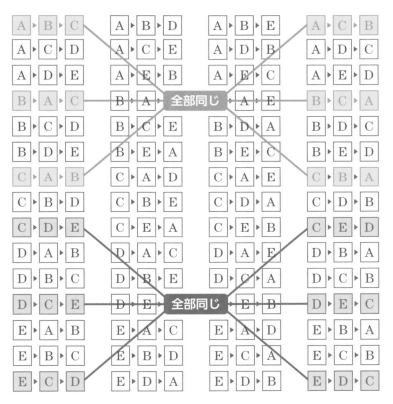

そこで7.6節で述べたように、A、B、CやC、D、Eの3個を並べ替える方法の数は$3×2×1=6$通りです。つまり、**6通りのパターンが「同じもの」になっているのです。**

したがって、答えは60を6で割った数「10通り」となります。

7.8 ▶ 公式(3)：組み合わせ公式

いよいよ準備が整ったので、組み合わせ公式を説明します。まず、先程の例では5人から3人を順番無視で選ぶという例を説明しましたが、選ぶ方法の数は **60 ÷ 6** という式で計算することができました。

ここで60は「順番込みで選ぶ方法の数5×4×3」、6は「A、B、Cの3個を並べ替える方法の数3×2×1」を意味します。

5人　→　3人

それでは、n人の中からr人を順番無視で選ぶ方法の数は一体何通りなのでしょうか。これは、**(順番込みの答え)÷(1からrまでの掛け算)** 通りとなります。

なぜなら、r個のものを並べ替える方法の数は全部で(1からrまでの掛け算)通りあるため、もし順番込みを順番無視に変えた場合、(1からrまでの掛け算)通りのパターンが「同じもの」になってしまうからです。なお、このような公式は**組み合わせ公式**といいます。

n人　→　r人

例として、9人の中から3人を順番無視で選ぶ方法の数を組み合わせ公式で計算してみましょう。(これは組み合わせ公式の$n=9$、$r=3$の場合です)

まず、順番込みの場合は **9×8×7＝504通り** の選び方があります。しかし順番無視にすると、1から3までの掛け算通り、つまり、3×2×1＝6通りが「同じもの」になってしまいます。したがって答えは **504÷6＝84通り** です。

 **7.6**

8人の中から2人を順番無視で選ぶ方法の数は何通りですか。

答え まず、順番込みで選ぶ方法の数は（　　）×（　　）＝（　　）通り。
順番無視にすると、A、Bの2つを並べ替える方法の数
（　　）通りが同じものになるので、答えは（　　）通り。

7.9　▶ 組み合わせ公式を使ってみよう

それでは最後に、組み合わせ公式を使う問題を解いてみましょう。ある
クラスには40人の生徒がおり、この中から2人の掃除当番を選びたいで
す。掃除当番を選ぶ方法は全部で何通りありますか。（これは組み合わせ
公式の $n=40$、$r=2$ の場合に相当します）

40人中2人を順番込みで選ぶ方法の数は $40 \times 39 = 1560$ 通りなので、答
えはこれを1から2までの掛け算、つまり $2 \times 1 = 2$ で割った「**780通り**」
となります。組み合わせ公式は理解できましたでしょうか。

パターン数を調べる最も簡単な方法は「樹形図」だが、早く調べるには以下の 3 つの公式が便利

1. 積の法則	物事 1 が a 通り、物事 2 が b 通り
	→起こり方の組み合わせは $a \times b$ 通り
2. 順列公式	n 個中 r 個を順番込みで選ぶ方法の数
	→ $n - r + 1$ から n までの掛け算
3. 組み合わせ公式	n 個中 r 個を順番無視で選ぶ方法の数
	→順列公式 $\div$ (1 から r までの掛け算)

ゲームと場合の数

　皆さん、オセロやチェス、将棋で遊んだことはありますか。これ
らのゲームは奥が深いことで有名ですが、実は「場合の数」がこの
奥深さと深く関連しています。

　まずはオセロの盤面としてあり得る状態数が何通りあるかを考えて
みましょう。オセロには全部で 64 個のマスがあり、各マスの状態は

　・駒が置かれていない
　・白の駒が置かれている
　・黒の駒が置かれている

の 3 通りがあるので、全部で 3^{64} 通り（およそ 10^{30} 通り）の盤面が考
えられます。実際は下図のようにあり得ない盤面もあるので少し減
りますが、それでも 10^{28} 通り程度あると言われています。

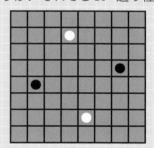 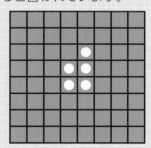

　それでは、10^{28} 通りという膨大な数の盤面はどう奥深さと関連し
ているのでしょうか。もしあり得る盤面が 500 通りしかなければ、
500 通りそれぞれについて最善手を記憶すれば基本的には勝てます。
しかし 10^{28} 通りもある場合、人間は全部の最善手を覚えることがで
きません。これがオセロの戦略的な奥深さとつながっているのです。

　なお、チェスの盤面数は 10^{44} 通り、将棋の盤面数は 10^{71} 通り程度
とも言われています。この意味では、3 つの中で将棋が最も奥深い
ゲームであるといえますね。

chapter

08

確率と期待値を理解しよう

試験で失敗したらどうしよう。この事業にはどれくら
い期待できるのか。確率と期待値を知ると、このようなリスクや
損得を数学的に分析することができます。本章では確率と期待値
の2つをマスターしましょう。

8.1 ▶ 確率とは

確率は、**ある物事がどれくらい起こりやすいかを表す値**です。たとえば
降水確率が70%であれば10回に7回の割合で雨が降り、降水確率が20%
であれば10回に2回の割合でしか雨が降らないことを意味します。

降水確率70% → 10回に7回は雨

ここで重要なポイントを1つ説明します。皆さんが日常生活で確率を表
すときは、0%から100%までのパーセント表記を使うことが多いでしょ
う。

しかし数学の世界では、パーセントを使わずに**0〜1の数値**で表すこと
もあります。たとえば確率70%は「確率0.7」、確率20%は「確率0.2」と
なります。（このようにする理由は、確率の計算がしやすくなるからです）

演習問題 **8.1**

確率5%をパーセント表記を使わずに表してください。

答え （　　　　）

8.2 ▶ 確率を計算するには

それでは、世の中のいろいろな確率を計算するにはどうすれば良いのでしょうか。もちろん降水確率などの複雑な確率の計算は難しいですが、そうでない場合、実は簡単に計算する方法があります。本章ではこの方法として、割り算公式と確率版・積の法則の2つを紹介します。

8.3 ▶ 確率の計算方法(1)：割り算公式

割り算公式[1]は、簡単に言えば「**N 通り中 M 通りが当たりのとき、当たりの確率は $M \div N$ である**」というものです。

たとえば、公平なサイコロを1回投げてみましょう。出目が2以下であれば「当たり」のとき、当たりの確率はどれくらいでしょうか。

サイコロの出目としては1、2、3、4、5、6の6通りがあり、このうち2通りだけが当たりなので、当たりの確率は $2 \div 6 = \dfrac{1}{3}$ です。パーセント表記に直すと、約33%になります。

なお、今回説明した割り算公式は、N 通りのパターンが同じ確率で起こり得るときしか使えないことに注意してください。

たとえば「受験の結果としては合格と不合格の2通りがあるので、合格する確率は $1 \div 2 = 0.5$（50%）」というのは間違いです。なぜなら、合格と不合格が同じ確率で起こり得るとは限らないからです。（詳しくは本章最後のコラムをご覧ください）

※1：数学界では使われていない名前ですが、覚えやすいように筆者が勝手に名前を付けました。

演習問題 **8.2**

四択問題でランダムに答えを選んで正解する確率はどれくらいですか。
ヒント：4つのうち何個が当たりかを考えましょう。

答え （　　　　　）%

8.4 ▶ 確率の計算方法(2)：積の法則

次に説明する方法は「確率版・積の法則」です。確率版・積の法則は、

・1つ目の物事が起こる確率が a
・2つ目の物事が起こる確率が b

であるとき、**2つの物事が両方起こる確率は $a \times b$ である**というものです。

たとえば、明日晴れる確率が 0.3（＝30%）、明日株価が上がる確率が 0.5（＝50%）であるとします。このとき、明日晴れてかつ株価が上がる確率は 0.3×0.5＝0.15（15%）です。

また、宝くじが当たる確率が 0.02（＝2%）、スロットで当たる確率が 0.03（＝3%）であるとします。このとき、宝くじでもスロットでも当たる確率は 0.02×0.03＝0.0006（0.06%）です。絶望的ですね。

このような確率版・積の法則は、事柄が3つ以上の場合でも使うことができます。たとえば

- ・数学の試験に合格する確率が 0.9（＝90％）
- ・国語の試験に合格する確率が 0.8（＝80％）
- ・理科の試験に合格する確率が 0.7（＝70％）

であるとき、すべての試験に合格する確率は $0.9 \times 0.8 \times 0.7 = 0.504$（50.4％）です。

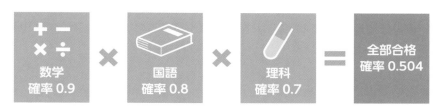

　なお、積の法則は「物事が互いに影響を及ぼさない場合」にしか使えないことに注意してください。

　たとえば、（本当はそんなことはないですが）もし晴れの日には株価が上がりやすく、雨の日には株価が下がりやすいなどの傾向がある場合、晴れてかつ株価が上がる確率は $0.3 \times 0.5 = 0.15$ になるとは限りません。

演習問題 8.3

　ある偏ったコインを投げると、確率 0.4（＝40％）で表が出ます。このコインを2回投げたとき、両方表になる確率はどれくらいですか。パーセント表記で答えてください。

答え （　　　）％

8.5 ▶ 期待値とは

次に、確率と肩を並べる概念「期待値」を紹介します。期待値は、**平均してどれくらいのスコアが見込めるか**を表す数値です。

例として、確率 30% で 2000 円もらえ、確率 70% で 1000 円もらえる宝くじを買ったとします。このとき、平均して何円くらいもらえると考えるのが自然でしょうか。

1000 円では少なすぎますし、1500 円では逆に多すぎますが、1300 円程度と考えると自然でしょう。これが期待値の考え方です。

8.6 ▶ 期待値を計算する方法

期待値は、**「スコア×確率」の合計**で計算することができます。たとえば、先程の宝くじの例の場合、「スコア×確率」はそれぞれ

- 当たった場合：2000円×0.3＝600 円
- ハズれた場合：1000円×0.7＝700 円

となるため、期待値は 600＋700＝1300 円となります。

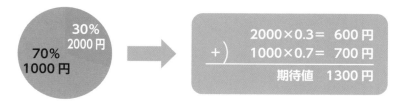

また、数学の期末テストの結果が 10％の確率で 90 点、30％の確率で 80 点、60％の確率で 70 点になるとします。このとき「スコア×確率」は

・90 点の場合：90点×0.1＝9 点

・80 点の場合：80点×0.3＝24 点

・70 点の場合：70点×0.6＝42 点

となるため、得点の期待値は 9＋24＋42＝75 点です。

演習問題 8.4

　太郎君は、確率 2％で 1 等の 1 万円、確率 8％で 2 等の 3000 円、確率 90％で 3 等の 0 円となる宝くじを買いました。得られる金額の期待値は何円ですか。

答え　（スコア）×（確率）は、1 等のとき（　　　）×（　　　）＝（　　　）円
　　　　　　　　　　　　　 2 等のとき（　　　）×（　　　）＝（　　　）円
　　　　　　　　　　　　　 3 等のとき（　　　）×（　　　）＝（　　　）円
　　　　 期待値は、これをすべて足した（　　　）円

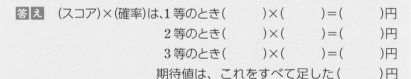

8.7 ▶ 確率と期待値の例(1):リスク分析

ここまで確率と期待値について説明しましたが、今回学んだ知識は世の中のどんな場面で役立つのでしょうか。1つ目の例は**リスク分析**です。

太郎君はA大学・B大学の2校を受験しようと思っています。もしA大学に落ちる確率が40%、B大学に落ちる確率が20%であるとき、両方落ちて浪人するリスクはどれくらいあるのでしょうか。(ただし、A大学の試験の結果はB大学の試験に影響を及ぼさないとします)

もし8.4節で学んだ確率版・積の法則を知っていれば、両方落ちる確率が $0.4 \times 0.2 = 0.08$ (8%) しかないとわかります。安心して受験に臨めますね。

8.8 ▶ 確率と期待値の例(2):損得分析

2つ目の例は新規事業における**損得分析**です。会社の社長である次郎君は、とある新製品を作ろうと思っています。新製品を作るために必要なコストは、人件費を含めて1000万円かかり、結果としては以下の3通りが考えられます。[2]

結果	概要	収益
大成功	製品が完成し、たくさん売れた	9000万円
成功	製品が完成し、ある程度売れた	2000万円
失敗	製品が完成しなかった	0円

※2:実際に製品を作るときは、3通り以外の結果(例:大成功と成功の間)もありますが、今回は簡単にするため3通りの結果のみを考えることにします。

次郎君は、大成功になる確率が 10％、成功になる確率が 40％、失敗になる確率が 50％と予想しています。このとき、会社は新製品を作り始めるべきなのでしょうか？

　もし期待値の計算方法を知っていれば、製品を作ったときに得られる収益の期待値が 1700 万円であるとわかります。これは人件費等の 1000 万円を上回っているため、新製品の開発に着手すべきであるといえます。[※3]

chapter **8** のまとめ

▶ 確率は「物事の起こりやすさ」を表す値
▶ N 通り中 M 通りが当たりのとき、当たりの確率は $M \div N$
▶ 確率 a と確率 b が両方起こる確率は $a \times b$
▶ 期待値は「平均してどれくらいのスコアが見込めるか」を表す値
▶ 期待値は（スコア）×（確率）の合計である

※3：もちろん、会社に十分な資金があり失敗が許されるという前提は必要です。

確率に関するよくある誤解

8.3 節では、「N 通り中 M 通りが当たりのとき、当たりの確率は $M \div N$ である」という公式を説明しましたが、これについて次のように考える人がいます。

大学に合格する確率は 50% である。なぜなら、合格と不合格の 2 つのパターンがあり、そのうち 1 つが「合格」であるからだ。

しかしこれは大間違いです。実際の合格確率は受験生の実力や大学のレベルに大きく依存します。確率 10% のこともあれば、確率 90% のこともあります。

それでは、なぜこのような誤解が起こるのでしょうか。8.3 節の後半で説明したとおり、N 通りのパターンすべてが同じ確率で起こるわけではない場合は $M \div N$ という式が使えないのですが、この条件を見落とす人が多いからです。

皆さんの中には、数学の公式を丸暗記してそれを闇雲に実際の問題に適用させようと思う人もいるでしょう。しかし、公式を使う前に一度立ち止まって、本当にこの公式を使っても良いのか、考えてみることも重要です。

データを分析するための「統計」

身長、売上、テストの点数など、世の中にはたくさんのデータがあります。それでは、このようなデータの特徴をつかむにはどうすれば良いのでしょうか。実は、統計という道具が解決策になります。本章では統計の基礎として、ヒストグラム・平均・標準偏差の３つを学びます。

9.1 ▶ データを分析してみよう

早速ですが、問題を解いてみましょう。以下のデータは、ある架空のクラス50名の数学のテストの点数です。このデータには一体どんな特徴があるのでしょうか。たとえば、どのくらいの点数の人が多いのでしょうか。

53	88	50	51	72	63	62	55	67	54
32	67	45	83	64	42	48	53	74	76
65	79	57	53	69	49	54	66	60	56
51	64	73	72	57	47	39	21	53	61
61	67	53	58	78	65	57	50	90	76

おそらく皆さんの多くは、数字の羅列を眺めていてもよくわからないでしょう。そこで「とある便利な方法」を使うと、データの大まかな特徴を簡単に見抜くことができます。

演習問題 9.1

どのような方法を使うと、データの特徴を簡単に見抜くことができると思いますか。予想してみてください。

答え （　　　　　　　　　　　　　　　　　　　　　　）

9.2 ▶ データを大まかにつかむ "ヒストグラム"

　まずはデータの特徴を一番簡単に見抜く方法である**ヒストグラム**を紹介します。ヒストグラムは、各点数帯ごとの人数を棒グラフで表したものであり、以下のようにして作成します。

まず、点数を適当な間隔で区切った表を作成します。表の項目数は 5〜10 程度であることが望ましいです。[※1]

得点	20−29	30−39	40−49	50−59	60−69	70−79	80−89	90−99
人数	?	?	?	?	?	?	?	?

次に、それぞれの点数帯に何人いるかを数え、表に書き込みます。たとえば 20 点台の人は 1 人なので、表の 20〜29 の欄には 1 と書き込みます。

得点	20−29	30−39	40−49	50−59	60−69	70−79	80−89	90−99
人数	1	2	5	17	14	8	2	1

最後に、この表を棒グラフにすると、ヒストグラムが完成します。（棒と棒の間に間隔がないことに注意しましょう）

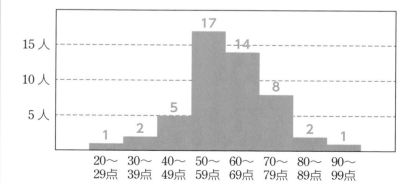

　このようなヒストグラムを作成すると、「50〜60点台の人数が多い」「だけど30点台や80点台の人も一定数いる」などのデータの大まかな特徴を、一目でつかむことができます。

演習問題 9.2

　以下は架空の陸上部員15人の5000メートル走のタイムです。このデータのヒストグラムを作ってください。ただし、タイムは12分台／13分台／14分台／15分台／16分台の5つに分けてください。

15分23秒	15分40秒	14分18秒	16分32秒	16分12秒
13分55秒	15分18秒	16分39秒	13分22秒	15分57秒
14分46秒	15分03秒	12分56秒	14分35秒	15分43秒

答え

まず、各タイムの人数を表にすると、以下のようになる。

タイム	12分台	13分台	14分台	15分台	16分台
人数	（　　）人	（　　）人	（　　）人	（　　）人	（　　）人

したがって、ヒストグラムは以下のようになる。

9.3 ▶ ヒストグラムの問題点

前節ではヒストグラムについて説明しましたが、ヒストグラムには「**データを大雑把にしか見ることができない**」という欠点があります。

それでは、データをもう少し細かく、数値的に見るためには一体どうすれば良いのでしょうか。次節以降ではデータを数値的に見るときの2つの重要な指標として、平均値と標準偏差を紹介します。

9.4 ▶ データを1つにまとめた「平均値」

平均値は、データの合計値をデータの数で割った値です。たとえば20、60、70というデータの平均値は、$(20+60+70) \div 3 = 50$です。

また、9.1節で挙げた数学のテストの点数の平均値は、$(53+88+\cdots+76) \div 50 = 60$点となります。

 **9.3**

> 5、35、50、65、95の平均値を求めてください。
>
> **答え** 合計値が（　　　）、データの数が（　　　）なので
>
> 　　　平均値は（　　　）÷（　　　）＝（　　　）

なお、平均値にどのような意味があるのか疑問に思った方は、「**平均値はデータを1つに集約した値である**」と考えれば良いでしょう。

たとえば「20、60、70」という3つのデータが目の前にあるとします。もし、これを無理矢理1つの数字にまとめろと言われたら、あなたならどうしますか。30だとあまりにも小さく、70だとあまりにも大きいですが、真ん中あたりの50という値にまとめると多くの人が自然に感じるでしょう。これが平均値の考え方です。[※2]

※2：なお、平均値とよく似た指標として中央値というものもあります。これについては、本章最後のコラムで紹介します。

9.5 ▶ データのバラつきの重要性

　前節で紹介した平均値はとても便利ですが、データを分析するときは平均値だけでなく「**データのバラつき**」を調べることも大切です。

　たとえば、5 人の生徒が国語のテストを受験し、それぞれ 35、45、50、55、65 点だったとします。また、同じ生徒が英語のテストを受験し、それぞれ 5、35、50、65、95 点だったとします。

　このとき、平均値は両方とも 50 点であるため、もし平均値しか調べなければ「テストの難易度が同程度である」ということしかわかりません。

　しかし、点数のバラつきを調べれば、「**国語よりも英語の方が差が付きやすいのではないか**」という新たな情報がわかります。このように、データ分析の場面でバラつきを調べることは大切です。

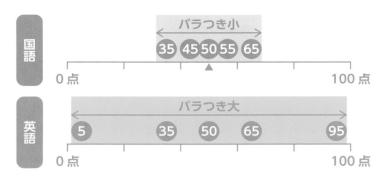

9.6 ▶ バラつきの指標「標準偏差」

それでは、データのバラつきを数値化するにはどうすれば良いのでしょうか。まずは最も自然な指標である**平均偏差**を紹介します。

平均偏差は、**「平均値とのズレ」を平均したもの**です。たとえば、前述の英語のテストの場合はどうでしょうか。平均点は50点なので、各生徒の「平均値とのズレ」は以下のようになります。

- **5点の人**：$50-5=45$ 点
- **35点の人**：$50-35=15$ 点
- **50点の人**：$50-50=0$ 点
- **65点の人**：$65-50=15$ 点
- **95点の人**：$95-50=45$ 点

この平均をとると$(45+15+0+15+45)\div5=24$点なので、**平均偏差は24点**となります。直感的な指標ですね。

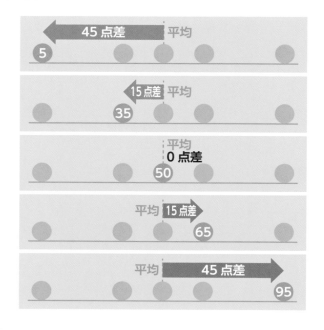

平均偏差は
24点

しかし、実際によく使われるのは**標準偏差**です[3]。標準偏差は、次のようにして計算することができます。（計算方法を一言で表すと、**ズレの二乗を平均し、最後にルートをとります**）

まず、各データの「平均値とのズレ」を計算します。
ここまでは平均偏差の場合と同じです。

	得点	ズレ	ズレの二乗
生徒A	5	45	？
生徒B	35	15	？
生徒C	50	0	？
生徒D	65	15	？
生徒E	95	45	？

平均すると ［ ？ ］

ルートして ［ ？ ］

次に、Step1で計算したズレを二乗します。たとえば、生徒Aの場合、ズレの二乗は45×45＝2025です。

	得点	ズレ	ズレの二乗
生徒A	5	45	2025
生徒B	35	15	225
生徒C	50	0	0
生徒D	65	15	225
生徒E	95	45	2025

平均すると ［ ？ ］

ルートして ［ ？ ］

次ページへ続く

※3：標準偏差の方がよく使われている理由は、大学レベルの内容であり難しいので、本書では扱わないことにします。

Step 3

最後に、Step2 で計算したズレの二乗を平均して、ルートをとった値が標準偏差になります[4]。

たとえば下図の例では、ズレの二乗の平均が(2025＋225＋0＋225＋2025)÷5＝900 なので、標準偏差はルート900点、つまり30 点です。

	得点	ズレ	ズレの二乗
生徒 A	5	45	2025
生徒 B	35	15	225
生徒 C	50	0	0
生徒 D	65	15	225
生徒 E	95	45	2025

平均すると ⟨ 900 ⟩

ルートして ⟨ 30 ⟩

標準偏差の計算方法は理解できましたでしょうか。少し難しい内容ですので、演習問題で慣れておきましょう。

演習問題 9.4

太郎君がスーパーで4個入りの卵を買ったところ、重さはそれぞれ50、62、62、66 グラムでした。重さの平均は60 グラムですが、標準偏差は何グラムですか。カッコの中を埋めてください。

答え

	重さ	ズレ	ズレの二乗
卵 A	50	( )	( )
卵 B	62	( )	( )
卵 C	62	( )	( )
卵 D	66	( )	( )

平均すると ⟨ ( ) ⟩

標準偏差は ⟨ ( ) ⟩

※4：ルートについては 2.6 節をご覧ください。

9.7 ▶ 標準偏差でわかること

ここまで説明してきた標準偏差を使うと、データのバラつきの大きさだけでなく、**ある特定のデータが特殊かどうか**もわかります。

具体的には、もし平均とのズレが標準偏差1個分程度であれば、このデータはありふれたものであるといえます。（標準偏差は"ズレの平均"のようなものなので、1個分ずれるのは普通です）

一方、もし平均とのズレが標準偏差2個分以上あれば、このデータはかなり特殊であるといえます。（データの種類にもよりますが、このようなデータは通常、全体の5%程度しかありません）

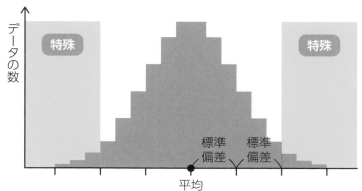

たとえば、あなたが数学のテストで80点を取ったとしましょう。平均点が60点のとき、あなたの点数が平均より高いことは間違いないのですが、少しだけ高いのでしょうか。それとも特殊なほど高いのでしょうか。

もし、標準偏差が18点の場合、あなたの点数は標準偏差1.1個分しかズレていないので、ちょっと点数が高いくらいだといえます。

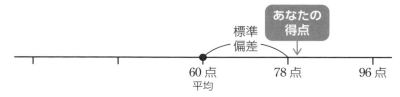

しかし標準偏差が7点の場合はどうでしょうか。あなたの点数（80点）は標準偏差3個分近くのズレがあるので、すごく高い点数だといえます。もしそうなれば、「自分こそが天才なんだ」と自慢しても良いでしょう。

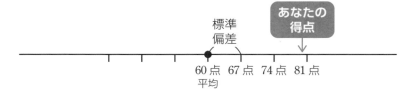

演習問題 **9.5**

2019年に実施された国民健康・栄養調査によると、20代男性の上の血圧の平均値は115.3、標準偏差は13.7となっています。このとき、20代男性で血圧150の人はどのように考えるべきなのでしょうか。（カッコには小数第一位までを書いてください）

答え　平均値とのズレは（　　　　）であり、これは標準偏差（　　　　）÷（　　　　）＝（　　　　）個分に相当する。

したがって、血圧150は（よくある高さだ・特殊なほど高い）と考えるべきである。

chapter 9 のまとめ

▶ 平均は、（データの合計値）÷（データの個数）
▶ 標準偏差は、データのバラつき度合い
▶ 標準偏差は、ズレの2乗の平均をルートすることで計算できる
▶ 標準偏差を使うと、あるデータが特殊かどうかもわかる

偏差値について

受験業界でよく使われる統計的なキーワードとして「偏差値」があります。受験を経験したことのある方は、偏差値という言葉をどこかで耳にしたことがあるでしょう。しかし、偏差値がどのようにして計算されているかをご存知でしょうか。

偏差値の計算方法

まず、平均点の偏差値を50とします。そして平均点より標準偏差1個分高ければ偏差値を60、標準偏差2個分高ければ偏差値を70、標準偏差3個分高ければ偏差値を80…、とします。

一方、平均点より標準偏差1個分低ければ偏差値を40、標準偏差2個分低ければ偏差値を30、標準偏差3個分低ければ偏差値を20…、とします。これが偏差値の計算方法です。

たとえば、平均点60点、標準偏差8点のテストで80点をとった場合、偏差値は75です。なぜなら、80点という点数は平均より標準偏差2.5個分高いからです。

最後に、9.7節では「標準偏差2個分離れたら特殊である」と書きましたが、これは偏差値30や70に対応します。ですので、もしテストで偏差値70が出たら、相当な自信を持って良いでしょう。

平均値と中央値

9.4 節では、データを 1 つにまとめた値である「平均値」を紹介しました。しかし平均値には、極端なデータの影響を受けやすいという問題点があります。

たとえば、年収 5000 万、600 万、400 万、300 万、200 万の人がいる場合、平均値は (5000＋600＋400＋300＋200)÷5＝1300 万となり、2 位の人の倍以上になってしまいます。そこで平均値に代わる指標として、中央値が使われることがあります。[5]

中央値とは

中央値は、データを小さい順に並べ替えたとき、ちょうど真ん中に来る値のことです。たとえばデータが 5 個あるときは下から 3 番目が中央値になります。(下図の中央値は 400 です)

ただし、データの数が偶数の時は真ん中が 2 つになるので、この 2 つを平均した値が中央値になります。(下図の中央値は 350 です)

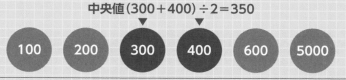

※5：もちろん中央値にも欠点があります。たとえば 6 人がテストを受けて 100、100、100、99、50、40 点だったとき、99 点の人はどう考えても「できる側」なのに、中央値である 99.5 点を参考にすると「できない側」だと誤解してしまいます。ですので平均値と中央値を上手く使い分けることが重要です。

さらに深いデータ分析をしよう

前章では統計の基礎である「平均」と「標準偏差」を学びました。しかし、これだけですべてのデータ分析ができるわけではありません。そこで本章ではやや発展的なトピックとして、2種類のデータの関係の強さを測る相関係数を紹介します。

10.1 ▶ 関係の強さを測るには

早速ですが、問題を解いてみましょう。以下の表は、生徒8人の1週間の勉強時間と期末テストの得点です。さて、"勉強時間"と"期末テストの得点"には、どれくらい強い関係があるのでしょうか。

	生徒A	生徒B	生徒C	生徒D	生徒E	生徒F	生徒G	生徒H
勉強時間	10	12	2	7	21	19	11	6
得点	80	50	50	40	90	80	60	30

関係の強さを調べる最も簡単な方法は、以下のような**散布図**(データがある場所に点を打った図)をかくことです。散布図のかき方を次ページに示します。

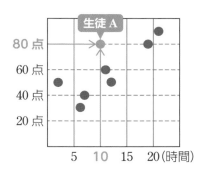

まず、横軸を勉強時間、縦軸を得点とした、右のような図を描きます。

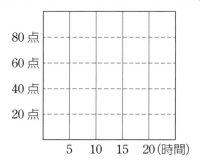

この図に生徒Aのデータを載せます。生徒Aは10時間の勉強で80点を取っているので、右の場所に点を打ちます。

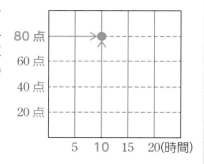

最後に他の生徒のデータも載せると、散布図が完成します。

勉強時間が長いほど概して得点が高いので、**勉強時間と得点にはある程度の関係がありそうだ**とわかります。

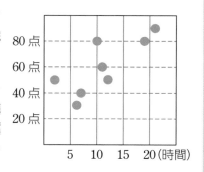

　しかし散布図にはデメリットもあります。散布図を描くだけでは、大雑把な関係の強さしかわかりません。それでは、関係の強さを数値化する方法はあるのでしょうか。実は次節で紹介する相関係数がカギになります。

10.2 ▶ 相関係数とは

相関係数の前に、まずは2種類の相関関係を理解しましょう。1つ目は**正の相関**です。正の相関とは「勉強時間が増えるほどテストの点数が高い」のように、一方の値が上がるほどもう一方の値も上がる関係のことです。

2つ目は**負の相関**です。負の相関とは「勉強時間が増えるほどテストの点数が低い」のように、一方の値が上がるほどもう一方の値が下がる関係のことを指します。（下図をご覧ください）

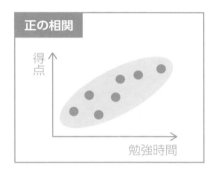

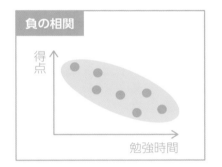

そこで**相関係数**は、2種類のデータの関係の強さを −1以上 +1以下の値で表したものです。

相関係数が +1に近いほど正の相関が強く、−1に近いほど負の相関が強いです。そして相関係数が −0.3〜+0.3の間である場合、2種類のデータの間にはほとんど相関がありません。

10.3 ▶ 相関係数を計算する方法

　それでは、相関係数を計算する方法を説明します。（説明は 10.1 節の期末テストと勉強時間の例をもとにしています）

まず、各データの平均と標準偏差を計算します。
週の勉強時間は、平均 11／標準偏差 6 です。
テストの得点は、平均 60／標準偏差 20 です。

| 勉強時間 | 10 12 2 7 21 19 11 6 | ▶ | 平均 11 標準偏差 6 |

| 得点 | 80 50 50 40 90 80 60 30 | ▶ | 平均 60 標準偏差 20 |

次に、以下の 2 つの値を計算します。
　・週の勉強時間－平均
　・テストの得点－平均

たとえば生徒 A の「勉強時間－平均」はマイナス 1 時間であり、「得点－平均」はプラス 20 点です。

	勉強時間	得点	勉強時間 － 平均	得点 － 平均	掛け算
生徒 A	10	80	−1	+20	?
生徒 B	12	50	+1	−10	?
生徒 C	2	50	−9	−10	?
生徒 D	7	40	−4	−20	?
生徒 E	21	90	+10	+30	?
生徒 F	19	80	+8	+20	?
生徒 G	11	60	0	0	?
生徒 H	6	30	−5	−30	?

次に各生徒について、Step2 で計算した 2 つの値を掛け算します。たとえば、生徒 A の場合は $(-1) \times 20 = (-20)$ となります。

	勉強時間	得点	勉強時間 － 平均	得点 － 平均	掛け算
生徒 A	10	80	-1	$+20$	-20
生徒 B	12	50	$+1$	-10	-10
生徒 C	2	50	-9	-10	90
生徒 D	7	40	-4	-20	80
生徒 E	21	90	$+10$	$+30$	300
生徒 F	19	80	$+8$	$+20$	160
生徒 G	11	60	0	0	0
生徒 H	6	30	-5	-30	150

Step3 で求めた掛け算の値を平均します。
$[(-20) + (-10) + 90 + \cdots + 150] \div 8 = 93.75$ です。

Step 5

最後に、Step4 の答えを(勉強時間の標準偏差)×(得点の標準偏差)で割った値が相関係数になります。

$93.75 \div (6 \times 20) = 0.781\cdots$なので、勉強時間と得点の相関係数は約 0.78 です。

このように相関係数を計算すると、勉強時間とテストの得点には**かなり強い正の相関がある**ことがわかります。

0.78

-1.0 -0.8 -0.6 -0.4 -0.2 0 $+0.2$ $+0.4$ $+0.6$ $+0.8$ $+1.0$

負の相関　　　相関なし　　　正の相関

第 3 部　場合の数／確率統計編

以下は 5 人の患者の最高血圧と最低血圧のデータです。最高血圧と最低血圧の相関係数を求めてください。

	患者 A	患者 B	患者 C	患者 D	患者 E
最高血圧	140	160	170	180	200
最低血圧	100	110	80	120	140

ただし、以下のヒントを使って解いてもかまいません。

・最高血圧の平均値は 170、標準偏差は 20
・最低血圧の平均値は 110、標準偏差は 20

答え

まず、各患者に対して、最高血圧－平均、最低血圧－平均、およびこの掛け算を計算すると以下のようになる。（10.3 節の Step2・Step3 に相当する部分）

	最高血圧	最低血圧	最高血圧 － 平均	最低血圧 － 平均	掛け算
患者 A	140	100	( )	( )	( )
患者 B	160	110	( )	( )	( )
患者 C	170	80	( )	( )	( )
患者 D	180	120	( )	( )	( )
患者 E	200	140	( )	( )	( )

次に、掛け算した値を平均すると、（　　　　）になる。

最後に、これを ［最高血圧の標準偏差 20］×［最低血圧の標準偏差 20］＝400 で割ると、相関係数（　　　　）が得られる。したがって、最高血圧と最低血圧には（正の相関がある・相関はない・負の相関がある）と考えられる。[1]

※ 1：厳密には、データ数が 5 などと少ない場合、相関係数だけで相関の有無を判断するのはやや危ないです。ただし、問題 10.1 では気にせずに解いてかまいません。

10.4 ▶ 相関係数に関する注意点

最後に、相関係数に関する注意点を1つ挙げておきます。**もし強い相関があっても、必ずしも因果関係があるとは限りません。**

例として、「アイスクリームの売上」と「大阪の降水量」について考えましょう。下図に示すように、2種類のデータにはかなりの正の相関があります。（データは2022年[※2]／アイスクリームの売上は世帯当たり）

	アイス	降水量
1・2月	1085円	93.5mm
3・4月	1412円	220.5mm
5・6月	2084円	181.0mm
7・8月	3067円	247.5mm
9・10月	1887円	273.0mm
11・12月	1323円	99.5mm

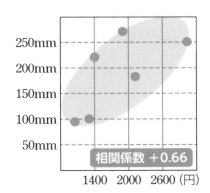

ところが、アイスが売れるせいで降水量が増えるわけでもなく、降水量が増えるせいでアイスが売れるわけでもありません。実際は、2種類のデータの間に季節という要因があります。（このように、間に挟まる要因のことを**交絡因子**といいます）

ですので、相関係数を取り扱うときは、相関関係と因果関係を混同しないことが非常に大切です。

※2：アイスクリームの売上は https://www.icecream.or.jp/iceworld/data/expenditures.html
大阪の降水量は https://www.jma.go.jp/jma/index.html を参照（2023/4/12 閲覧）

以下の 3 つの例はすべて正の相関があります。因果関係のある場合はカッコの中にマルを書いてください。因果関係のない場合はカッコの中に交絡因子を書いてください。

- [　　　] 気温と冷房の使用時間
- [　　　] 降水量と傘をさす人の割合
- [　　　] 会社員の年収と血圧

chapter 10 のまとめ

相関係数は、2 種類のデータの関係の強さを −1 以上 +1 以下の数値で表したものである。

たとえば勉強時間と得点の相関係数は、以下のような方法で計算することができる。

1. 勉強時間・得点の平均と標準偏差を計算する
2. 各生徒の (勉強時間 − 平均) と (得点 − 平均) を計算する
3. 2. で計算した値を掛け算し、平均をとる
4. 最後に、(勉強時間の標準偏差) × (得点の標準偏差) で割る

また、2 種類のデータの間に相関関係があるからといって、必ずしも因果関係があるとは限らない。

問題 1

トランプのカードに書かれた数としては 1 から 13 までの 13 通りがあり、絵としてはスペード・クラブ・ハート・ダイヤの 4 通りがあります。トランプのカードとしてあり得るものは全部で何通りがありますか（本問題ではジョーカーを考えないことにします）。使った公式にマルを付け、カッコの中を埋めてください。

（積の法則・順列公式・組み合わせ公式）より

$$(\qquad) \times (\qquad) = (\qquad) 通り$$

問題 2

ある株に投資をすると、確率 70％で 2 万円得をし、確率 30％で 1 万円損をします（つまり −1 万円得をします）。期待値としては何円得ですか。

$$(\qquad) \times (\qquad) + (\qquad) \times (\qquad) = (\qquad) 円$$

問題 3

4 人の陸上部員が 1500 メートルを走ったところ、それぞれ 235 秒、245 秒、245 秒、275 秒でした。タイムの平均は 250 秒ですが、標準偏差は何秒でしょうか。以下の表を使って解いてください。

	タイム	ズレ	ズレの二乗
部員 A	235	( )	( )
部員 B	245	( )	( )
部員 C	245	( )	( )
部員 D	275	( )	( )

平均すると ( )

標準偏差は ( )

第
3
部
 場合の数／確率統計編

休憩

思考力を高める パズルに挑戦

この部のゴール

ここまでは関数と場合の数、そして確率・統計について説明してきましたが、ちょっと休憩にパズルを解いてみましょう。

本書の前半では、高校数学のさまざまなトピックを紹介しました。しかし、少し疲れてきたという方も多いかもしれません。そこで本章では、休憩として思考力を高めるパズル的な問題を掲載します。ぜひコーヒーなどを飲みながら解いてみてください。

本章の構成

本章は5問のパズル問題からなります。難易度順に並べられているので後半の問題は難しいと思いますが、ぜひお楽しみください。

また、本章では下図のように、右ページに問題、次の左ページに解答が載っています。ページをめくらなければ解答が見えないようになっているので、ご安心ください。なお、各問題の問題ページの下部には、薄い字でヒントが書かれています。

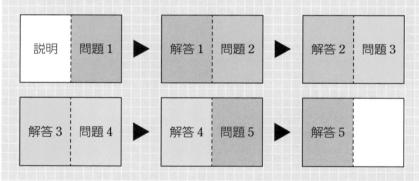

問題 **1**　難易度 ★★★

太郎君は、以下のような経路で通勤しています。7時30分までに会社に着くためには、何時に家を出発する必要がありますか。

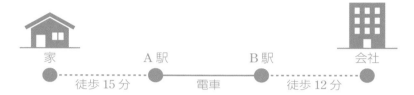

家　　　　　　　A駅　　　　　B駅　　　　　会社

　　徒歩15分　　　　電車　　　　徒歩12分

ただし、電車の時刻表は以下に示すとおりです。

A駅	6:00	6:26	6:42	6:49	6:55	7:00	7:06
↓	↓	↓	↓	↓	↓	↓	↓
B駅	6:25	6:51	7:07	7:14	7:20	7:25	7:31

答え

　　　　　　時　　　　　　分

※ヒント：ゴールから順に考えましょう

この問題を解くポイントは、スタートの家からではなく、ゴールの会社から考えていくことです。

Step 1

　まず、B駅から会社までは徒歩12分なので、会社に7時30分までに着くためには、7時18分にB駅に到着しなければなりません。

Step 2

　次に、B駅に7時18分までに着くためには、A駅を6時49分に出発する電車に乗らなければなりません。

Step 3

　最後に、家からA駅までは徒歩15分なので、A駅に6時49分までに着くためには、家を6時34分に出発しなければなりません。

　ある石板には、以下のような文字列が書かれていました。この中に A という文字は何個ありますか。

AAAAA AAAAA AAAAA AAAAA AAAAA
AAAAA AAAAA AABAA AAAAA AAAAA
AAAAA AABAA AAAAA AAAAA AAAAA
AAAAA AAAAA AAAAA AAAAA AABAA
AAAAA AAAAA AAAAA AAAAA AAAAA
AAAAA AAAAA AAAAA AAAAA AAAAA
AAAAA AAAAA AAAAA AAAAA AAAAA
AAAAA AAAAA AAAAA AAAAA AABAA

答え

_____ 個

※ヒント：B の個数に着目しましょう

この問題を解くポイントは、**A** の個数ではなく、数が少ない **B** の個数を数えることです。

まずは石板の中にある **B** の個数を数えましょう。以下に示すとおり、全部で 4 個あります。

```
AAAAA AAAAA AAAAA AAAAA AAAAA
AAAAA AAAAA AABAA AAAAA AAAAA
AAAAA AABAA AAAAA AAAAA AAAAA
AAAAA AAAAA AAAAA AAAAA AABAA
AAAAA AAAAA AAAAA AAAAA AAAAA
AAAAA AAAAA AAAAA AAAAA AAAAA
AAAAA AAAAA AAAAA AAAAA AAAAA
AAAAA AAAAA AAAAA AAAAA AABAA
```

次に石板全体の文字数を数えましょう。縦 8 行、横 25 文字なので、全部で 8×25＝200 文字です。したがって、**A** の個数は 200－4＝196 個です。

縦 8 行

```
AAAAA AAAAA AAAAA AAAAA AAAAA
AAAAA AAAAA AABAA AAAAA AAAAA
AAAAA AABAA AAAAA AAAAA AAAAA
AAAAA AAAAA AAAAA AAAAA AABAA
AAAAA AAAAA AAAAA AAAAA AAAAA
AAAAA AAAAA AAAAA AAAAA AAAAA
AAAAA AAAAA AAAAA AAAAA AAAAA
AAAAA AAAAA AAAAA AAAAA AABAA
```

横 25 文字

問題 ③ 難易度 ★★★

　ある商店には、1個60円のミカン、1個80円のリンゴ、1個90円のメロンが売られています。

　あなたは290円ちょうどの買い物をしたいです。ミカン、リンゴ、メロンをそれぞれ何個買えば良いですか。

￥60

￥80

￥90

答え

ミカン ＿＿＿＿ 個

リンゴ ＿＿＿＿ 個

メロン ＿＿＿＿ 個

※ヒント：合計金額は290円なので、メロンの個数は0、1、2、3のいずれかです

問題 **3** の答え ···· ミカン2個、リンゴ1個、メロン1個

　この問題を解く方法はいろいろありますが、一番楽なのはメロンの個数を調べることです。

 Step 1

まず、合計金額は290円なので、1個90円のメロンは多くても3個しか買うことができません。(メロンを4個買うには360円必要です)

 Step 2

次に、メロンが0、1、2、3個のときの「ミカンとリンゴで使わなければならない残額」を計算すると、以下の表のようになります。

メロン	0個	1個	2個	3個
残額	290円	200円	110円	20円

 Step 3

ここで、メロン3個はあり得ません。なぜなら、ミカンとリンゴで20円ちょうどを使うことはできないからです。

また、メロン0個や2個もあり得ません。なぜなら、ミカンとリンゴの値段は両方20の倍数なので、110円や290円を使うこともできないからです。これでメロンの個数は「1個」に絞られました。

 Step 4

最後に、ミカンとリンゴだけで残りの200円を使うにはどうすれば良いのでしょうか。少し考えれば、ミカン2個／リンゴ1個でちょうど200円使えるとわかります。

問題 4 難易度 ★★★

下図のように、隣り合った2つの数の足し算を上に書いていくパズルを足し算ピラミッドといいます。

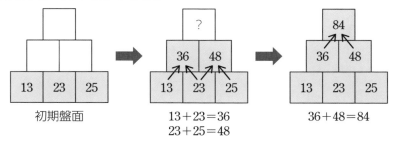

以下のような初期盤面の足し算ピラミッドを解いたところ、一番上の数が 300 になりました。？に当てはまる数はいくつでしょうか。

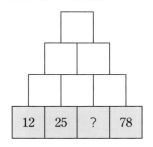

答え ✏️

※ヒント：上から3段目の数は、左から順に 37、？ +25、？ +78 となります。それでは上から2段目／1段目についてはどうでしょう。？の式で表してみてください

この問題を解くポイントは、上の段に書かれる数を、？を含む式で表してみることです。

 Step 1

　まず、上から3段目に書かれる数は下図のようになります。たとえば一番右は？と78が足されるので「？+78」となります。

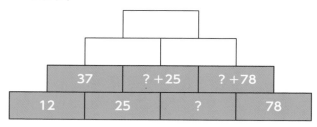

 Step 2

　次に、上から2段目に書かれる数は下図のようになります。たとえば一番右は？+25と？+78が足されるので「2×？+103」となります。

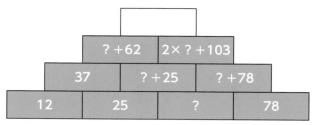

Step 3

　最後に一番上に書かれる数は、？+62と2×？+103を足すので3×？+165となります。これが300になれば良いので、？に当てはまる数は45です。[※1]

※1：念のため、3×？+165が300になるような？が45であることを求める方法も紹介します。まず、3×？は300−165=135となります。そのため、？は135を3で割った数、45になります。

問題 5 難易度 ★★★

　以下の図形について、黒で塗られている部分の面積は何 cm² でしょうか。ただし、1目盛りは1cm です。

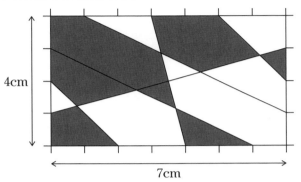

4cm

7cm

答え

☐ cm²

※ヒント：回転すると同じになる図形に着目しましょう

　この問題を解くポイントは、回転するとまったく同じになる図形の組に着目してみることです。

Step 1

まず、図形の各パーツに対して、以下のように 1〜7 の番号を振ります。

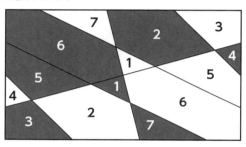

Step 2

ここで、同じ番号が付けられたパーツは回転するとまったく同じになるので、白の面積と黒の面積は一緒です。そして白と黒を合わせた面積は $4 \times 7 = 28\text{cm}^2$ なので、黒の面積はその半分の 14cm^2 となります。

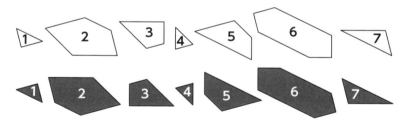

第**4**部

微分積分編

この部のゴール

　いよいよ本書は後半戦に突入です。第4部では、高校数学の難所としてよく知られる「微分積分」を解説します。

　さて、微分積分は本書全体の中で最も難しいトピックですので、理解できるか不安に思う方も多いでしょう。しかし、第2部と第3部を読み終えた皆さんであれば、それほど高いハードルではないはずです。さあ、微分積分の世界に入っていきましょう。

変化の速さを見る「微分」

本章では、微分とはどういうものかを説明した後、二次関数に対する微分を計算する方法を紹介します。皆さんも微分積分の扉を開けてみましょう。

11.1 ▶ 変化の速さを見る「微分」

微分とは、**ある瞬間における変化の速さを求めること**です。例として、ある夏の暑い日の気温について考えてみましょう。

もし気温が以下のグラフ[1]のように変化したとき、午前8時の時点では毎時何℃のペースで気温が増加しているのでしょうか。

7時の気温は約28.6℃、9時の気温は約29.8℃であり、2時間で約1.2℃上がっています。したがって答えはおよそ1.2÷2＝ **毎時0.6℃** ですが、このような「変化の速さ」を計算することを**微分**といいます。

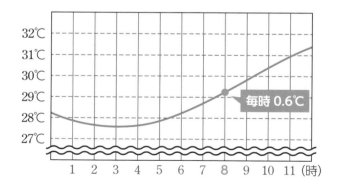

※1：これは実際の気温データではなく、筆者が作った架空のグラフです。

また、新幹線の位置が以下のグラフのように変化したとき、開始4分時点では毎分何 km のペースで進んでいるのでしょうか。

3分時点での位置は約4.5km、5分時点での位置は約12.5km であり、2分間で約8km 進んでいます。したがって答えはおよそ 8÷2＝ **毎分 4km** ですが、これを計算するのも微分です。

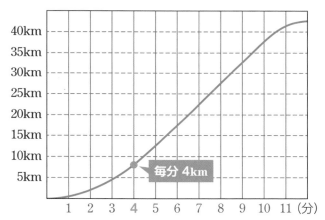

ここで、毎時 0.6℃、毎分 4km のような「変化の速さ」のことを数学用語では**微分係数**といいます。11.2 節以降でもこの用語が出てくるので、ぜひ覚えておきましょう。

演習問題 11.1

新幹線の例について、開始 11 分時点では毎分およそ何 km のペースで進んでいるのでしょうか。ただし、10 分時点での位置は 37.5km、12 分時点での位置は 42.5km です。

答え　2分で（　　　）km 進んでいるので
　　　　答えは毎分約（　　　）km

11.2 ▶ 微分に関する注意

前節ではさまざまな微分の例を紹介しましたが、数学の世界では通常、**微分は関数に対して行われます。**[※2]

たとえば、関数 $y = x^2$ の $x = 1$ における微分係数はいくつか、などを計算するのが、数学の世界での微分です。

しかし、これは「新幹線の x 分後の位置が x^2 [km] であるとき、出発1分後の時点では、毎分何 km のペースで進んでいるか」ということと全く同じなので、恐れることは何もありません。

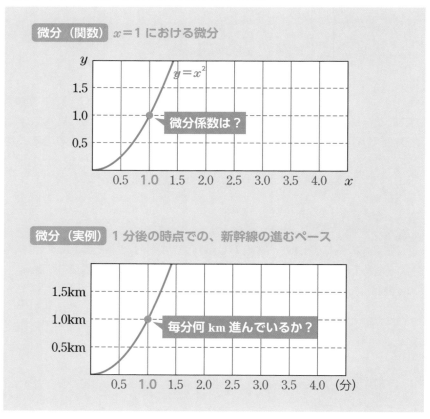

微分（関数）$x = 1$ における微分

$y = x^2$

微分係数は？

微分（実例）1分後の時点での、新幹線の進むペース

毎分何 km 進んでいるか？

11.3 ▶ 関数を微分してみよう(1)

　それでは、準備が整ったので、実際に関数の微分を行ってみましょう。関数 $y=x^2$ の $x=1$ における微分係数はいくつでしょうか。

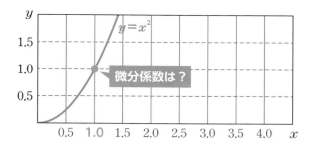

　微分係数を計算する最も簡単な方法は、11.1 節で挙げた例のように**周辺を調べること**です。たとえば今回は $x=1$ の微分係数を計算したいので、$x=0.9$ と $x=1.1$ のときを調べてみましょう。すると次のようになります。

・**$x=0.9$ のとき**：y の値は $0.9 \times 0.9 = 0.81$
・**$x=1.1$ のとき**：y の値は $1.1 \times 1.1 = 1.21$

　x の値が 0.2 増えたときに y の値が 0.4 増えているので、**微分係数はおよそ 0.4÷0.2＝2** である、ということがわかります。

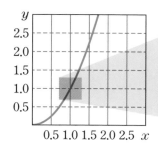
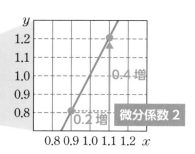

※2：なぜわざわざ関数の微分を求めるのか疑問に思った方は、「世の中のいろいろなものは関数で表されるから」と思っておくと良いです。たとえば、新幹線が加速するときの現在位置は、だいたい二次関数で表されます。

11.4 ▶ 関数を微分してみよう(2)

もう一つの例として、関数 $y=1\div x$ の $x=2$ における微分係数はどれくらいでしょうか。（グラフを以下に示します）

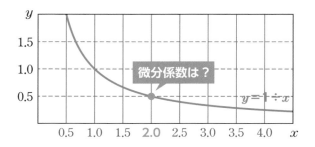

今回は $x=2$ の微分係数を計算したいので、周辺の $x=1.9$ と $x=2.1$ を調べてみましょう。すると以下のようになります。

- **$x=1.9$ のとき**：y の値は $1\div1.9=0.5263\cdots$
- **$x=2.1$ のとき**：y の値は $1\div2.1=0.4761\cdots$

x の値が 0.2 増えたときに y の値が約 0.0502 減っているので、**微分係数はおよそ $-0.0502\div0.2=-0.251$ である**、ということがわかります。（関数の値が減っているときの微分係数は、マイナスになることに注意してください[3]）

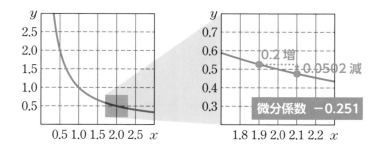

※3：マイナスになる理由がわからない方は、11.1 節の例でもし気温が減少すると、「毎時何℃のペースで気温が増加したか」の答えがマイナスになることを想像してみましょう。

関数 $y=x^3$ の $x=1$ における微分係数はいくつでしょうか。

答え $x=0.9$ のとき、y の値は $0.9 \times 0.9 \times 0.9 =$ （　　　）

$x=1.1$ のとき、y の値は $1.1 \times 1.1 \times 1.1 =$ （　　　）

x が 0.2 増えたとき y は（　　　）増えているので

微分係数はおよそ（　　　）÷（　　　）＝（　　　）

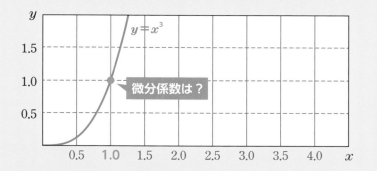

11.5 ▶ 微分係数を正確に計算するには

　ここまでは、周辺を調べるという方法を使って微分係数を計算しました。しかしこの方法には、**大ざっぱな微分係数しかわからない**という問題があります。

　たとえば 11.4 節の例では微分係数の計算結果が -0.251 となりましたが、本当の微分係数は -0.25 であるため、少しずれています。

　それでは、正確な微分係数を計算する方法はないのでしょうか。もちろんすべての関数に対して正確に計算するのは難しいですが、実は二次関数の場合は次節で紹介する「微分公式」が解決策になります。

11.6 ▶ 微分公式とは

本節では、関数 $y = x^2 - 3x + 3$ の $x = 2$ における微分係数を求める場合を例に、微分公式を説明します。

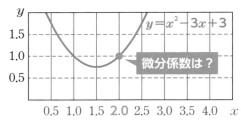

Step 1
x^2、x、無印（数字のみ）のパーツにそれぞれ 2、1、0 を掛けます。

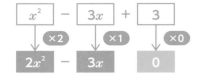

Step 2
x の肩に付いている数を 1 減らします。つまり x^2 のパーツを x に変え、x のパーツを無印に変えます。[※4]

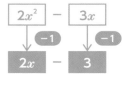

Step 3
Step2 の式に、微分したい場所を当てはめたときの数が微分係数です。
たとえば $x=2$ で微分したい場合は、式に $x=2$ を当てはめたときの数が微分係数です。

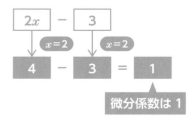

微分公式は理解できましたでしょうか（本書では計算の方法だけわかれば問題ありません）。

なお、微分公式は二次関数だけでなく、三次関数や指数関数・対数関数などのバージョンもあります。これらのうち三次関数については本章最後のコラムで紹介しますので、興味があればぜひご覧ください。

 **11.3**

関数 $y=x^2$ の $x=3$ における微分係数を、130 ページの微分公式を使って計算してください。

答え　Step1 を行うと、式は（　　　）x^2 になる
Step2 を行うと、式は（　　　）x になる
この式に $x=3$ を当てはめると、（　　　）になる
したがって、微分係数は（　　　）

chapter **11** のまとめ

微分とは、ある瞬間の変化の速さ（微分係数）を求めることである。また、二次関数の微分係数は、以下の微分公式で計算できる。

1. x^2、x、無印のパーツに 2、1、0 を掛ける
2. x の肩に付いている数を 1 減らす
3. この式の x に微分したい場所を当てはめる

※4：x^2 のパーツを x に変える理由は、x が x^1 と同じであるからです。また、少し難しいですが、x のパーツを無印に変える理由は、無印が x^0 と同じであるからです。

三次関数の微分公式

　微分公式は、実は二次関数だけでなく三次関数※5バージョンも
あります。例として、関数 $y=x^3-2x^2-3x+4$ の $x=3$ における微
分係数を計算してみましょう。

Step 1

　まず、x^3、x^2、x、無印のパーツにそれぞれ 3、2、1、0
を掛けます。（下図をご覧ください）

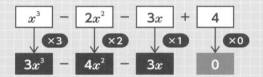

Step 2

　次に、x の肩に付いている数を 1 だけ減らします。つま
り x^3 のパーツを x^2 に、x^2 のパーツを x に、x のパーツ
を無印に変えます。

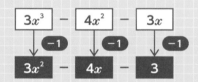

Step 3

　Step2 の式に $x=3$ を当てはめます。すると 12 になるの
で、微分係数は 12 です。

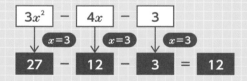

※5：三次関数については、4章コラムをご覧ください。

また、似たような方法は四次関数以上でも使えます。たとえば四次関数の場合は

1. x^4、x^3、x^2、x、無印のパーツに 4、3、2、1、0 を掛ける
2. x の肩に付いている数を 1 だけ減らす
3. 2. で得られた式に "微分したい場所" を当てはめる

という方針で計算することができます。

累積した値を見る「積分」

chapter **12**

> 本章では、積分とはどういうものかを説明した後、積分を計算する方法、そして微分と積分の関係について学びます。分量が少し多いですが、ここが本書一番の山場ですので頑張ってください。

12.1 ▶ 累積した値を見る「積分」

　積分とは、**累積した値を求めること**です。例として雨量について考えてみましょう。もし降水強度が以下のグラフ[1]のように変化したとき、3時から10時までの累積雨量は何mmでしょうか。

　答えは2+5+3+4+2+1+2=**19mm**ですが、このような"累積値"を計算することを**積分**といいます。

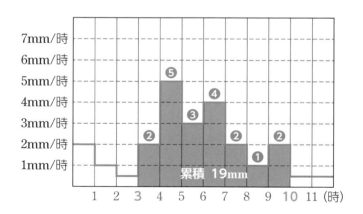

※1：これは実際の降水量データではなく、筆者が作った架空のグラフです。

また、新幹線の移動速度が以下のグラフのように変化したとき、発車4分後までに累積何km進んだのでしょうか。平均速度は毎分2km[※2]なので答えは2×4=**8km**ですが、これを計算するのも積分です。

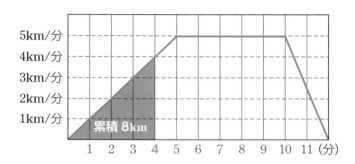

さらに、車の移動速度が以下のグラフのように変化したとき、4秒後から10秒後までに累積何メートル進んだのでしょうか。答えは2+2+2+2+(−1)+(−1)=**6メートル**ですが、これを計算するのも積分です。

なお、速度がマイナスの部分では車が後ろ向きに動いているので、「進んだ距離が2+2+2+2+1+1=10メートルである」という答えは間違いであることに注意してください。

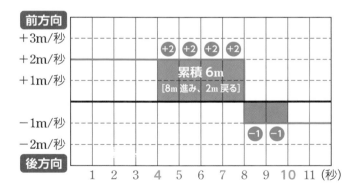

※2：平均速度が毎分2kmである直感的な理由は、開始0分時点での速度が毎分0km、開始4分時点での速度が毎分4kmであり、足して2で割ると毎分2kmになるからです。

12.2 ▶ 積分に関する注意

前節ではさまざまな積分の例を説明しましたが、数学の世界では通常、**積分は関数に対して行われます。**

たとえば、関数 $y=x$ の2から4までの積分はいくつか、などを計算するのが、数学の世界での積分です。

しかし、これは「x 時時点での降水強度が x［mm/時］であるとき、2時から4時までの累積雨量は何 mm なのか」ということと全く同じなので、恐れることは何もありません。

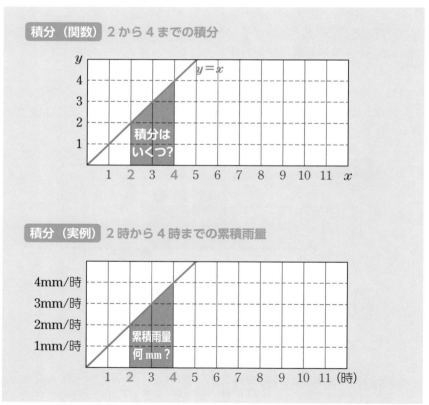

積分（関数）2から4までの積分

積分（実例）2時から4時までの累積雨量

12.3 ▶ 積分を計算してみよう(1)

　それでは準備が整ったので、関数の積分を計算してみましょう。まずは関数 $y = x$ の 0 から 4 までの積分はいくつでしょうか。

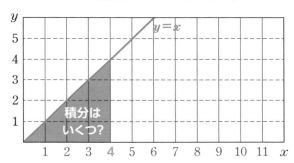

　答えは、**面積に着目する**と簡単に計算することができます。下図の水色部分は底辺の長さが 4、高さが 4 の三角形であり、この面積は $4 \times 4 \div 2 = 8$ なので、積分の答えは 8 です。

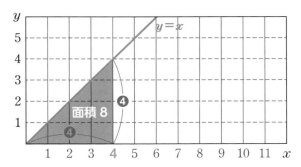

演習問題 **12.1**

前述の例について、0 から 3 までの積分はいくつですか。

答え 底辺(　　　)、高さ(　　　)の三角形なので
　　　答えは(　　　)×(　　　)÷(　　　)＝(　　　)

12.4 ▶ 積分を計算してみよう(2)

もう一つの例として、関数 $y = -0.5x + 3$ の 2 から 8 までの積分はいくつかを計算してみましょう。（グラフを以下に示します）

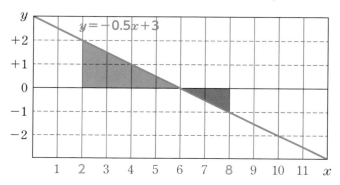

それぞれの色の面積を計算すると、以下のようになります。

・水色：底辺 4／高さ 2 の三角形なので $4 \times 2 \div 2 = 4$[※3]
・緑色：底辺 2／高さ 1 の三角形なので $2 \times 1 \div 2 = 1$[※3]

したがって、答えは $4 - 1 = 3$ です。（12.1 節の最後の例で説明したように、y がマイナスの部分の面積は引き算されるので、答えは $4 + 1 = 5$ ではないことに注意してください）

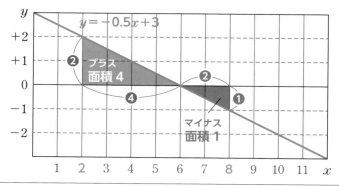

※3：三角形の面積が（底辺）×（高さ）÷2 であることを思い出しましょう。

関数 $y = x - 2$ の 1 から 4 までの積分はいくつですか。以下のグラフを使って解いてもかまいません。

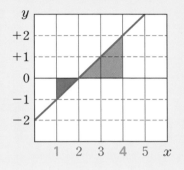

答え

プラスの部分の面積は（　　　）

マイナスの部分の面積は（　　　）

したがって、答えは（　　　）

12.5 ▶ さらに複雑な積分を計算するには

　ここまでは、図形の面積を求めるという方法で積分を計算しました。しかしこの方法には、**複雑な関数の積分ができない**という問題があります。たとえば関数 $y = -0.3x^2 + 2x + 2$ のグラフを以下に示しますが、この関数の 2 から 6 までの積分を図形的に求めるのは、無理があるでしょう。

　そこで次節では、このような二次関数の積分を計算する便利な方法として、積分公式を紹介します。

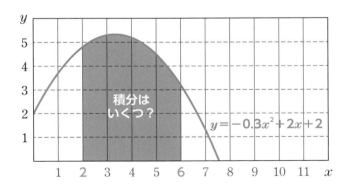

積分は
いくつ？

$y = -0.3x^2 + 2x + 2$

12.6 ▶ 積分公式とは

本節では、関数 $y = -0.3x^2 + 2x + 2$ の 2 から 6 までの積分を求める場合を例に、積分公式を説明します。

 x の肩に付いている数を
1 増やします。[4]

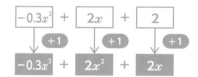

 x^3、x^2、x のパーツをそれぞれ 3、2、1 で割ります。

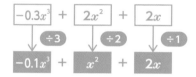

 Step2 の式
$-0.1x^3 + x^2 + 2x$ に、積分したい場所を当てはめます。
$x=6$ を当てはめたものから、$x=2$ を当てはめたものを引いた数が答えです。

※ $x=6$ を当てはめたときの数は、$(-0.1 \times 6^3) + (6^2) + (2 \times 6) = 26.4$ です。
　 $x=2$ を当てはめたときの数は、$(-0.1 \times 2^3) + (2^2) + (2 \times 2) = 7.2$ です。

　このような積分公式を使うと、二次関数の積分を簡単に計算することができます。なお、三次関数や四次関数の積分についても、似たような方法で計算することができます。

12.3

関数 $y = -0.6x^2 + 3x$ の 1 から 5 までの積分を、140 ページの積分公式を使って計算してください。

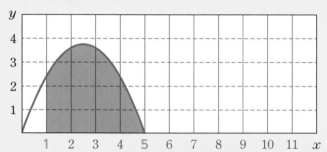

答え　Step1 を行うと、式は（　　　）$x^3 +$（　　　）x^2 になる

Step2 を行うと、式は（　　　）$x^3 +$（　　　）x^2 になる

この式に $x=5$ を当てはめると（　　　）になる

この式に $x=1$ を当てはめると（　　　）になる

したがって、積分の答えは（　　　）－（　　　）＝（　　　）

あともう一息！

※4：微分公式（130 ページ）と同様、x のパーツは x^1、無印のパーツは x^0 に対応します。これが x のパーツが x^2 に変わり、無印のパーツが x に変わる理由です。

12.7 ▶ 微分と積分は正反対である

最後に第4部全体を振り返ってみましょう。第11章では変化の速さを見る微分、第12章では累積した値を見る積分について解説しました。

それでは、この2つにはどのような関係があるのでしょうか。実は、**微分と積分は正反対**になっています。

例として、新幹線の位置と速度の関係について考えましょう。まずは「新幹線の現在位置」を微分すると、新幹線の速度になります。（→ 125 ページ）

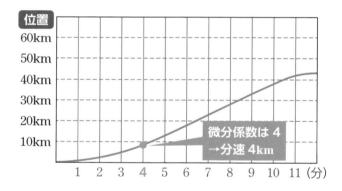

一方、「新幹線の速度」を0分から x 分までの範囲で積分すると、x 分時点での新幹線の現在位置になります。（→ 135 ページ）

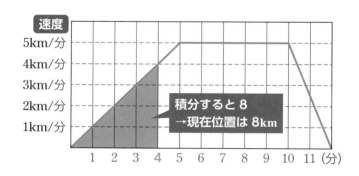

このように、微分は**位置→速度**、積分は**速度→位置**となり、微分と積分は正反対になっていることがわかります。

なお、微分と積分が正反対であるという事実のことを、数学用語では**微分積分学の基本定理**といいます。

chapter**12**の**まとめ**

積分とは、累積した値を求めることである。積分は図形の面積に着目すると計算できるが、二次関数の積分は、以下の積分公式が便利である。

1. x の肩に付いている数を 1 増やす
2. x^3、x^2、x のパーツを 3、2、1 で割る
3. この式に積分したい範囲の境界を当てはめ、引き算する

また、微分と積分は互いに正反対になっている。

column

発展：積分の書き方

数学の世界では、積分記号 $\int$ を使って積分の値を書くことがあります。たとえば以下は「関数 $y=x^2$ の 1 から 3 までの積分の値」という意味です。

$$\underset{1 \text{から}}{\overset{3 \text{まで}}{\int_1^3}} \underset{x^2 \text{を積分する}}{x^2 \ dx}$$

問題 1

自動車の走行距離は、自動車の速度の微分になっていますか。それとも積分になっていますか。正しい方にマルを付けてください。

（微分・積分）

問題 2

関数 $y = x^2 - 8x$ の $x = 4$ における微分係数を、130 ページの微分公式を使って求めてください。（カッコの中に入る数を埋めてください）

Step1 を行うと、式は（　　　　）$x^2 -$（　　　　）x になる。
Step2 を行うと、式は（　　　　）$x -$（　　　　）になる。
この式に $x = 4$ を当てはめると（　　　　）になる。
したがって、微分係数は（　　　　）である。

問題 3

関数 $y = 0.3x^2 - 0.6x + 2$ の 1 から 4 までの積分を、140 ページの積分公式を使って求めてください。（カッコの中に入る数を埋めてください）

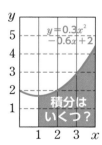

Step1 を行うと（　　　）$x^3 -$（　　　）$x^2 +$（　　　）x になる。
Step2 を行うと（　　　）$x^3 -$（　　　）$x^2 +$（　　　）x になる。
この式に $x = 1$ を当てはめると（　　　）になる。
この式に $x = 4$ を当てはめると（　　　）になる。
したがって、積分の答えは（　　　）である。

第5部

その他の
トピック

この部のゴール

　第2部から第4部にかけて、関数、場合の数と確率統計、微分積分という3つのテーマを扱いました。これで高校数学の基礎は、7割以上終わっています。

　しかし、残りの3割は一体どんなものなのでしょうか。第5部では整数の性質、数列、三角関数の3つを解説します。

整数(1)：ユークリッドの互除法

皆さんは「481 と 777 の最大公約数」を 1 分で計算することはできますか。本章では、最大公約数と最小公倍数を簡単に計算できる「ユークリッドの互除法」について学びます。

13.1 ▶ 最大公約数の復習

まずは小学校算数の範囲ですが、最大公約数とは何か、というところから復習を始めましょう。

最大公約数は、共通する最大の約数[※1]のことです。たとえば 12 と 18 の最大公約数は 6 です。なぜなら、

・12 の約数は 1、2、3、4、6、12
・18 の約数は 1、2、3、6、9、18

であり、二つに共通している最大の数は 6 であるからです。

演習問題 13.1

10 の約数は 1、2、5、10 であり、12 の約数は 1、2、3、4、6、12 です。10 と 12 の最大公約数はいくつですか。

答え （　　　）

※1：約数は「割り切れる数」のことです。たとえば 10 の約数は 1、2、5、10 です。

13.2 ▶ 最大公約数を速く計算するには

　最大公約数を計算する最も簡単な方法は、約数を列挙することです。例として 120 と 154 の最大公約数を計算してみましょう。

　以下のように約数でない数にバツを付けていくと、両方残っている最大の数が 2 であるため、最大公約数が 2 だとわかります。しかし、この方法を使うと時間がかかってしまいます。

120 の約数

1	2	3	4	5	6	~~7~~	8	~~9~~	10	~~11~~	12	~~13~~	~~14~~	15
~~16~~	~~17~~	~~18~~	~~19~~	20	~~21~~	~~22~~	~~23~~	24	~~25~~	~~26~~	~~27~~	~~28~~	~~29~~	30
~~31~~	~~32~~	~~33~~	~~34~~	~~35~~	~~36~~	~~37~~	~~38~~	~~39~~	40	~~41~~	~~42~~	~~43~~	~~44~~	~~45~~
~~46~~	~~47~~	~~48~~	~~49~~	~~50~~	~~51~~	~~52~~	~~53~~	~~54~~	~~55~~	~~56~~	~~57~~	~~58~~	~~59~~	60
~~61~~	~~62~~	~~63~~	~~64~~	~~65~~	~~66~~	~~67~~	~~68~~	~~69~~	~~70~~	~~71~~	~~72~~	~~73~~	~~74~~	~~75~~
~~76~~	~~77~~	~~78~~	~~79~~	~~80~~	~~81~~	~~82~~	~~83~~	~~84~~	~~85~~	~~86~~	~~87~~	~~88~~	~~89~~	~~90~~
~~91~~	~~92~~	~~93~~	~~94~~	~~95~~	~~96~~	~~97~~	~~98~~	~~99~~	~~100~~	~~101~~	~~102~~	~~103~~	~~104~~	~~105~~
~~106~~	~~107~~	~~108~~	~~109~~	~~110~~	~~111~~	~~112~~	~~113~~	~~114~~	~~115~~	~~116~~	~~117~~	~~118~~	~~119~~	120

154 の約数

1	2	~~3~~	~~4~~	~~5~~	~~6~~	7	~~8~~	~~9~~	~~10~~	11	~~12~~	~~13~~	14	~~15~~
~~16~~	~~17~~	~~18~~	~~19~~	~~20~~	~~21~~	22	~~23~~	~~24~~	~~25~~	~~26~~	~~27~~	~~28~~	~~29~~	~~30~~
~~31~~	~~32~~	~~33~~	~~34~~	~~35~~	~~36~~	~~37~~	~~38~~	~~39~~	~~40~~	~~41~~	~~42~~	~~43~~	~~44~~	~~45~~
~~46~~	~~47~~	~~48~~	~~49~~	~~50~~	~~51~~	~~52~~	~~53~~	~~54~~	~~55~~	~~56~~	~~57~~	~~58~~	~~59~~	~~60~~
~~61~~	~~62~~	~~63~~	~~64~~	~~65~~	~~66~~	~~67~~	~~68~~	~~69~~	~~70~~	~~71~~	~~72~~	~~73~~	~~74~~	~~75~~
~~76~~	77	~~78~~	~~79~~	~~80~~	~~81~~	~~82~~	~~83~~	~~84~~	~~85~~	~~86~~	~~87~~	~~88~~	~~89~~	~~90~~
~~91~~	~~92~~	~~93~~	~~94~~	~~95~~	~~96~~	~~97~~	~~98~~	~~99~~	~~100~~	~~101~~	~~102~~	~~103~~	~~104~~	~~105~~
~~106~~	~~107~~	~~108~~	~~109~~	~~110~~	~~111~~	~~112~~	~~113~~	~~114~~	~~115~~	~~116~~	~~117~~	~~118~~	~~119~~	~~120~~
~~121~~	~~122~~	~~123~~	~~124~~	~~125~~	~~126~~	~~127~~	~~128~~	~~129~~	~~130~~	~~131~~	~~132~~	~~133~~	~~134~~	~~135~~
~~136~~	~~137~~	~~138~~	~~139~~	~~140~~	~~141~~	~~142~~	~~143~~	~~144~~	~~145~~	~~146~~	~~147~~	~~148~~	~~149~~	~~150~~
~~151~~	~~152~~	~~153~~	154											

13.3 ▶ ユークリッドの互除法とは

そこで以下の**ユークリッドの互除法**を使うと、最大公約数を簡単に計算することができます。

・ゼロになるまで余りを取っていく。（下図参照）
・最後に割った数が最大公約数である。

たとえば 120 と 154 の最大公約数をユークリッドの互除法で計算すると下図のようになり、最後に割った数 2 が最大公約数となります。

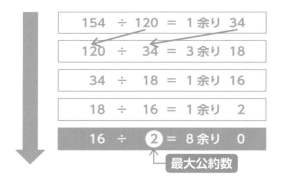

また、481 と 777 の最大公約数をユークリッドの互除法で計算すると下図のようになり、最後に割った数 37 が最大公約数となります。

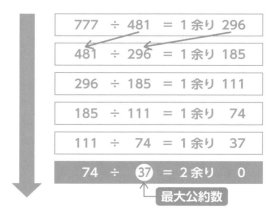

13.2

ユークリッドの互除法を用いて、204 と 289 の最大公約数を計算してください。

答え (   ) ÷ (   ) = (   ) 余り (   )

(   ) ÷ (   ) = (   ) 余り (   )

(   ) ÷ (   ) = (   ) 余り (   )

(   ) ÷ (   ) = (   ) 余り (   )

最後に割った数 ↑

よって、最大公約数は (   )

13.4 ▶ 最小公倍数の復習

次は最小公倍数について復習しましょう。**最小公倍数**は共通する最小の倍数[2] のことです。たとえば 6 と 9 の最小公倍数は 18 です。なぜなら、

・6 の倍数は 6、12、18、24、30、36、…
・9 の倍数は 9、18、27、36、45、54、…

であり、二つに共通している最小の倍数は 18 であるからです。

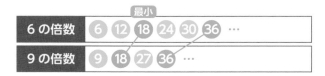

 13.3

12 の倍数は 12、24、36、48、60、72、84、96、…であり、16 の倍数は 16、32、48、64、80、96、…です。12 と 16 の最小公倍数はいくつですか。

答え (   )

※ 2：倍数は「整数を掛けた数」のことです。たとえば 10 の倍数は 10、20、30、40、…です。

13.5 ▶ 最小公倍数を速く計算するには

最小公倍数を計算する最も簡単な方法は、倍数を列挙することです。例として 120 と 154 の最小公倍数を計算してみましょう。

以下のように倍数を列挙すると、はじめて共通して現れる数が 9240 であるため、最小公倍数が 9240 だとわかります。しかし、この方法を使うと 100 個以上の数を書かなければ答えがわかりません。

---

120 の倍数

120	240	360	480	600	720	840	960	1080	1200
1320	1440	1560	1680	1800	1920	2040	2160	2280	2400
2520	2640	2760	2880	3000	3120	3240	3360	3480	3600
3720	3840	3960	4080	4200	4320	4440	4560	4680	4800
4920	5040	5160	5280	5400	5520	5640	5760	5880	6000
6120	6240	6360	6480	6600	6720	6840	6960	7080	7200
7320	7440	7560	7680	7800	7920	8040	8160	8280	8400
8520	8640	8760	8880	9000	9120	**9240**			

---

154 の倍数

154	308	462	616	770	924	1078	1232	1386	1540
1694	1848	2002	2156	2310	2464	2618	2772	2926	3080
3234	3388	3542	3696	3850	4004	4158	4312	4466	4620
4774	4928	5082	5236	5390	5544	5698	5852	6006	6160
6314	6468	6622	6776	6930	7084	7238	7392	7546	7700
7854	8008	8162	8316	8470	8624	8778	8932	9086	**9240**

そこで以下の性質を使うと、大きい数同士の最小公倍数を素早く計算することができます。

- （1 つ目の数）×（2 つ目の数）÷（最大公約数）が最小公倍数である

たとえば 120 と 154 の最小公倍数はいくつでしょうか。最大公約数は 2 なので（→ 13.3 節）、最小公倍数は 120×154÷2＝9240 となります。

120	×	154	÷	2	=	9240
1 つ目の数		2 つ目の数		最大公約数		最小公倍数

 13.4

62 と 38 の最大公約数は 2 です。最小公倍数はいくつですか。

答え （　　　　）×（　　　　）÷（　　　　）=（　　　　）

chapter **13** のまとめ

▶ 最大公約数は「ユークリッドの互除法」で楽に計算できる
▶ 最小公倍数は（1 つ目）×（2 つ目）÷（最大公約数）で楽に計算できる

第 5 部 その他のトピック

整数⑵：10進法と2進法

　本章では、コンピュータやITなどの分野でもよく使われる2進法について学びます。皆さんは普段0から9までの数字を使って数を表す「10進法」を使っていますが、「2進法」とは一体どんなものなのでしょうか。

14.1 ▶ 10進法とは何か

　まずは10進法の仕組みから確認しましょう。**10進法は0から9までの10種類の数字を使って数を表す方法**であり、「9」から足そうとすると繰り上がりが起こります。（例：19＋1＝20）

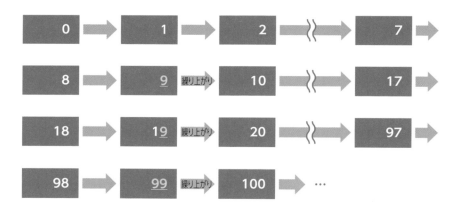

演習問題 **14.1**

10進法では、1099に1を足すとどうなりますか。

答え　下線部分に繰り上がりが起こって（　　　　）になる

14.2 ▶ 2進法とは何か

それに対して、**2進法は0と1の2種類の数字だけを使って数を表す方法**です。2進法では2以上の数字を使うことができないので、「1」から足そうとすると繰り上がりが起こります。[※1]

したがって、10進法は0、1、2、3、4、5、6、7、8、9、10、…と続くのに対し、2進法は下図のように0、1、10、11、100、101、110、…と続きます。（黄色い線が、繰り上がりが発生する部分です）

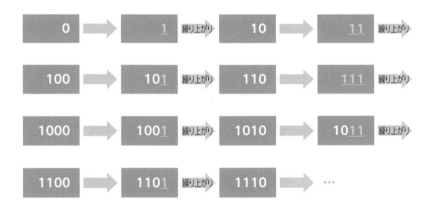

演習問題 **14.2**

2進法では、10<u>011</u>に1を足すとどうなりますか。

答え　下線部分に繰り上がりが起こって（　　　　　　）になる

※1：たとえば「10<u>11</u>」に1を足すと、下線部に繰り上がりが起こって「1100」になります。
　　　イメージが湧かない方は、10進法の「10<u>99</u>」に1を足すと、下線部に繰り上がりが発生し「1100」になることを想像すると良いでしょう。

14.3 ▶ 10 進法と 2 進法の対応関係

ここまで説明してきた 10 進法と 2 進法は、**一対一対応**しています。具体的には、2 進法は 0、1、10、11、100、101、…と続くので、

- **10 進法の 0**：2 進法の 0 と対応
- **10 進法の 1**：2 進法の 1 と対応
- **10 進法の 2**：2 進法の 10 と対応
- **10 進法の 3**：2 進法の 11 と対応
- **10 進法の 4**：2 進法の 100 と対応
- **10 進法の 5**：2 進法の 101 と対応

のような感じで対応付けられています。10 進法で 0〜23 の範囲の対応表を以下に示しますので、ぜひ眺めてみてください。

10 進法	2 進法	10 進法	2 進法	10 進法	2 進法
0	0	8	1000	16	10000
1	1	9	1001	17	10001
2	10	10	1010	18	10010
3	11	11	1011	19	10011
4	100	12	1100	20	10100
5	101	13	1101	21	10101
6	110	14	1110	22	10110
7	111	15	1111	23	10111

 14.3

2 進法の 10110 は、10 進法ではいくつですか。上の表を読んで答えてください。

答え（　　　）

　次に、「2 進法の 10110 は 10 進法ではいくつか？」のような問題を解く方法について説明します。まずは前提知識として、2 進法の位について理解しておきましょう。

　まず、10 進法には下から順に 1 の位、10 の位、100 の位、1000 の位が付けられています。（位が 1 つ上がるごとに 10 倍になっています）

　それと同じように、2 進法にも下から順に 1 の位、2 の位、4 の位、8 の位が付けられています。（位が 1 つ上がるごとに 2 倍になっています）

	百万の位	十万の位	万の位	千の位	百の位	十の位	一の位
10 進法				2	8	4	8

	64 の位	32 の位	16 の位	8 の位	4 の位	2 の位	1 の位
2 進法			1	0	1	1	0

　そこで、2 進法を 10 進法に変換した数は「**位×数**」**の合計**で計算することができます[2]。たとえば 2 進法の 10110 を 10 進法に変換すると、下図に示すとおり 16＋0＋4＋2＋0＝22 となります。

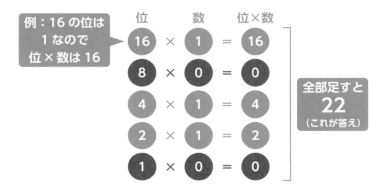

※ 2：これで正しく計算できる理由は、本章最後のコラムをご覧ください。

2進法の 101011 は、10 進法ではいくつですか。カッコの中に入る数を埋めてください。

答え

まず、位×数をそれぞれの桁について計算すると、以下のようになる。

- ・32 の位：(　　　)×(　　　) = (　　　)
- ・16 の位：(　　　)×(　　　) = (　　　)
- ・ 8 の位：(　　　)×(　　　) = (　　　)
- ・ 4 の位：(　　　)×(　　　) = (　　　)
- ・ 2 の位：(　　　)×(　　　) = (　　　)
- ・ 1 の位：(　　　)×(　　　) = (　　　)

これを合計すると (　　　) なので、10 進法に変換した数は (　　　) である。

14.5 ▶ 10 進法→ 2 進法の変換

最後に、「10 進法の 22 は 2 進法ではいくつか？」のような、前節とは逆の問題を解く方法について説明します。

まず、**数がゼロになるまで 2 で割り続けます**。たとえば 10 進法の 22 を 2 進法に変換したい場合は下図のようになります。

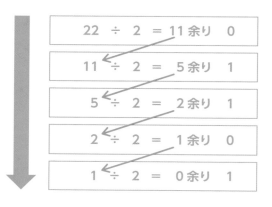

すると、**割った余りを下から読んだもの**が、2進法に変換した数となります。たとえば10進法の22を2進法に変換すると10110となります。

22 ÷ 2 = 11 余り **0**
11 ÷ 2 = 5 余り **1**
5 ÷ 2 = 2 余り **1**
2 ÷ 2 = 1 余り **0**
1 ÷ 2 = 0 余り **1**

下から読むと
10110

14.5

10進法の13は、2進法ではいくつですか。カッコの中に入る数を埋めてください。

答え

まず、13を2で割り続けると以下のようになる。

・（　　　　）÷2＝（　　　　）余り（　　　）
・（　　　　）÷2＝（　　　　）余り（　　　）
・（　　　　）÷2＝（　　　　）余り（　　　）
・（　　　　）÷2＝（　　　　）余り（　　　）

余りを下から読むと（　　　　）なので、2進法に変換した数は（　　　　）である。

chapter14のまとめ

▶ 2進法は、0と1だけを使って数を表す方法
▶ 2進法→10進法の変換は、「位×数」の合計
▶ 10進法→2進法の変換は、2で割り続けて余りを逆から読む

正しく変換できる理由

　本章では、2進法を10進法に変換した数が「位×数」の合計で計算できることを説明しました。しかし、なぜこの方法が上手くいくのでしょうか。本コラムではこの理由を説明します。

　まず、10進法では各桁の数字が「個数」に対応しています。たとえば、2848という数は、1000が2個、100が8個、10が4個、そして1が8個ある数だととらえることもできます。

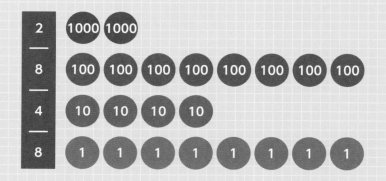

　これは2進法でも同じです。たとえば、1101という数は、8が1個、4が1個、2が0個、1が1個ある数だととらえることができます。

　それでは、8が1個、4が1個、2が0個、1が1個あるとき、合計はいくつでしょうか。このような問題は「数×個数」の合計で計算することができますね[※3]。

　これこそが、2進法を10進法に変換した数が「位×数」の合計で計算できる理由になっています。

※3：実際に計算すると、(8×1)＋(4×1)＋(2×0)＋(1×1)＝13となります。

コンピュータと 2 進法

　人間は 10 進法を使って生活していますが、コンピュータは基本的に 2 進法で動作しています。なぜなら一般的なコンピュータ[※4]は、ON と OFF の 2 つの状態しか認識することができないからです。

ON（1）　　　　　　　　　　OFF（0）

　ところが、2 進法を使うコンピュータにはやっかいな問題点が 1 つあります。2 進法のまま画面に表示すると、普段 10 進法を使う人間には読めなくなってしまうのです。

　たとえば現在時刻が 10010 時 111011 分であると表示されても、そう簡単には読めませんね。こんなコンピュータがあったら捨ててしまうという方もいるかもしれません。

　そこでコンピュータは、画面に表示する前に内部の 2 進法のデータを 10 進法に変換しています[※5]。（本章後半で学んだ、2 進法と 10 進法を変換する方法が見事に役立っていますね）

```
コンピュータ        画面
2 進法      ⇄     10 進法
```

※ 4：もちろん例外はあります。

※ 5：このような、ある進数を別の進数に変換する処理を「基数変換」といいます。

15 数列をマスターしよう

第5部2つ目のトピックは数列です。本章では、最も基本的な数列である等差数列と等比数列について、そして等差数列の合計を計算する便利な公式について学びます。

15.1 ▶ 数列とは、数の並びである

早速ですが、数の並びのことを**数列**といいます。たとえば10以上30以下の偶数を並べた以下の数の並びは数列です。

$$10、12、14、16、18、20、22、24、26、28、30$$

また、1×1から10×10までを並べた以下の数の並びも数列です。

$$1、4、9、16、25、36、49、64、81、100$$

さらに、特に規則性のない以下の数の並びも数列です。（数列とは数の並びなので、もし規則性がなくても数列であることには変わりありません）

$$47、43、51、38、29、87、85、76、33、58$$

このように、世の中にはさまざまな数列があります。しかし、高校数学においてその中でも特に重要なものは、**等差数列**と**等比数列**の2つです。本章ではこれらについて学んでいきましょう。

15.2 ▶ 等差数列と等比数列

まず、等差数列は**同じ数を足していくことでできる数列**です。たとえば2 から始めて 3 を足し続けた数列「2、5、8、11、14、17」や、10 から始めて 5 を足し続けた数列「10、15、20、25、30、35」は等差数列です。

$$2 \xrightarrow{+3} 5 \xrightarrow{+3} 8 \xrightarrow{+3} 11 \xrightarrow{+3} 14 \xrightarrow{+3} 17$$

$$10 \xrightarrow{+5} 15 \xrightarrow{+5} 20 \xrightarrow{+5} 25 \xrightarrow{+5} 30 \xrightarrow{+5} 35$$

一方、等比数列は**同じ数を掛けていくことでできる数列**です。たとえば1 から始めて 3 を掛け続けた数列「1、3、9、27、81」や、3 から始めて 2 を掛け続けた数列「3、6、12、24、48」は等比数列です。

$$1 \xrightarrow{\times 3} 3 \xrightarrow{\times 3} 9 \xrightarrow{\times 3} 27 \xrightarrow{\times 3} 81$$

$$3 \xrightarrow{\times 2} 6 \xrightarrow{\times 2} 12 \xrightarrow{\times 2} 24 \xrightarrow{\times 2} 48$$

演習問題 15.1

等差数列のものに A、等比数列のものに B、どちらでもないものにC と書いてください。

- [   ] 25、50、100、200、400、800、1600
- [   ] 17、98、179、260、341、422、503
- [   ] 2、0、2、3、0、7、2、5

演習問題 15.2

7 から始めて 4 を足し続けた、長さ 5 の等差数列を書いてください。

答え　（　　　　）、（　　　　）、（　　　　）、（　　　　）、（　　　　）

15.3 ▶ 「数列の合計」が使える場面

前節では「等差数列と等比数列がどういうものか」について説明しましたが、世の中には数列の合計、特に**等差数列の合計**が重要になってくる場面はたくさんあります。

たとえば年収について考えてみましょう。入社1年目の年収が410万円、2年目の年収が430万円、3年目の年収が450万円…のような感じで毎年20万円ずつ上がっていくとき、10年後までに得られる給料の合計は何万円でしょうか。（このような給与体系の会社は少なくないでしょう）

答えは、等差数列 410、430、450、470、490、510、530、550、570、590の合計となります。このように、等差数列の合計は日常生活のかなり身近なところにも関係しているのです。

演習問題 15.3

コンサートホールの座席配置が下図のようになっているとします（前から1段目が7人、2段目以降は9、11、13…と2人ずつ増える）。このとき、総座席数はどのような等差数列の合計になりますか。

全5段

答え 等差数列(　　)、(　　)、(　　)、(　　)、(　　)の合計

15.4 ▶ 等差数列の合計を計算しよう

それでは、肝心の等差数列の合計はどうやって計算すれば良いのでしょうか。最も自然な方法は、以下のように**直接足し算をすること**です。しかし大きな数の足し算を9回も行うのは、とても面倒でしょう。

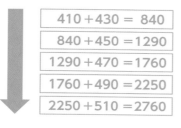

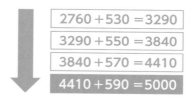

そこで以下の**数列の和の公式**を使うと、等差数列の合計を簡単に計算することができます。

$$合計＝(\boxed{最初}＋\boxed{最後})×\boxed{数列の長さ}÷2$$

たとえば等差数列 410、430、450、470、490、510、530、550、570、590 の合計を計算したい場合はどうでしょうか。最初が410、最後が590、数列の長さが10なので、答えは

・$(410＋590)×10÷2＝5000$

となります。この方法であれば、かなり楽に計算できますね。

 15.4

等差数列 7、9、11、13、15 の合計を計算してください。

答え 最初は（　　）、最後は（　　）、数列の長さは（　　）
したがって、合計は
｛（　　）＋（　　）｝×（　　）÷（　　）＝（　　）

最後に、数列の和の公式で正しい答えを出せる理由を説明します。まずは以下の図を見てください。この図は、等差数列 410、430、450、470、490、510、530、550、570、590 を順方向と逆方向に合計 2 回書いたものです。

そこで、書いた数の合計がいくつになっているかを考えてみましょう。下図の通りどの列も合計が 1000 になっているので、答えは 1000×10＝10000 です。そして書いた数は「等差数列 2 セット分」なので、肝心の等差数列の合計は 10000÷2＝5000 となります。

どの列も合計が 1000（例：最左列は 410＋590＝1000）

それでは、この計算結果はどんな意味を持つのでしょうか。今回は5000 という答えを 1000×10÷2 という式で計算しましたが、この中の「1000」は数列の最初 410 と最後 590 を足した数、「10」は数列の長さに対応します。

ここで 1000 を（最初＋最後）、10 を（数列の長さ）に置き換えると、**（最初＋最後）×（数列の長さ）÷2**、つまり数列の和の公式そのものになります。これが数列の和の公式で正しい答えを出すことができる理由です。

▶ 等差数列は、同じ数を足してできる数列
▶ 等比数列は、同じ数を掛けてできる数列
▶ 等差数列の合計は、（最初＋最後）×長さ÷2 で計算できる

column

等比数列の和の公式

　読者の中には、「等差数列の合計を簡単に計算する公式があるならば、等比数列の合計を簡単に計算する公式もあるはずだ」と思う方も多いでしょう。結論から書くと、このような公式はあります。

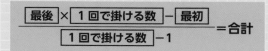

　たとえば等比数列 1、3、9、27、81 の合計はいくつでしょうか。最初が 1、最後が 81、1 回で掛ける数が 3 なので、合計は (81×3－1) ÷ (3－1) ＝121 となります。

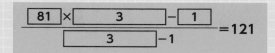

　なお、この公式で正しい答えが出る理由はやや発展的なので、本書では扱わないことにします。

必要条件と十分条件

本コラムでは、必要条件と十分条件について説明します。15 章の数列とは全く関係ないですが、高校数学で学ぶ重要なキーワードですのでぜひ覚えておきましょう。

必要条件と十分条件

数学の世界では、

- 絶対に満たさねばならない条件のことを**必要条件**
- 逆にこれさえ満たせば OK という条件のことを**十分条件**

といいます。たとえば、**25 歳以上であることは、国会議員であるための必要条件**です。なぜなら、国会議員になるためには、「25 歳以上」という条件を絶対に満たす必要があるからです※。

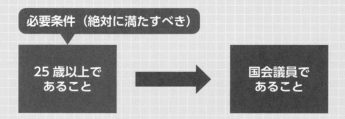

一方、**内閣総理大臣であることは、国会議員であるための十分条件**です。なぜなら、内閣総理大臣でさえあれば、絶対に国会議員であることが確定するからです。

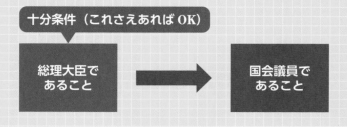

もう一つ具体例を紹介しましょう。x **が偶数であることは、x が 50 の倍数であることの必要条件**です。なぜなら、50 の倍数になるためにはまず「偶数」という条件を満たす必要があるからです。

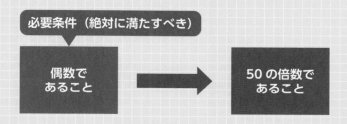

一方、x **が 100 の倍数であることは、x が 50 の倍数であることの十分条件**です。なぜなら、100 の倍数でさえあれば、絶対に 50 の倍数であることが確定するからです。

なお、どちらが必要条件でどちらが十分条件かを覚えるのは難しいですが、別の条件（例：国会議員である）を満たすために

- 「絶対必要な条件」は必要条件
- 「これさえあれば十分な条件」は十分条件

といった感じで、日本語的に覚えてしまうのが良いでしょう。

※：2023 年 6 月 10 日時点の情報です。

16 三角比と三角関数をマスターしよう

いよいよ本書最後のトピックである三角比と三角関数に入ります。ここが終われば、高校数学の基礎をいよいよマスターしたということになりますので、頑張ってください。

16.1 ▶ 三角比の前に

皆さん、**三角比(サイン・コサイン・タンジェント)**という言葉を聞いたことはありますでしょうか。

高校数学の代名詞的存在なので知名度は高いですが、「とても難しそう…」「私は高校時代ここで挫折してしまった…」「そもそも役に立つのか?」と思う方も多いでしょう。

しかし、三角比を知っていると便利です。たとえば、傾斜8度の坂を100メートル歩いたとき高度がどれくらい上がったのかは、三角比を使って計算することができます(174ページで後述)。というわけで本章では、まず三角比がどういうものかについて学んでいきましょう。

 **16.1**

傾斜8度の坂で上がった高度は何メートルか、予想してください。

答え ( )メートル

16.2 ▶ 三角比とは(1)：sin

　三角比には主に3つの種類がありますが、まずは1つ目の sin (サイン)について説明します。$\sin x$ は、斜辺の長さ[※1]が1、角度が x であるような直角三角形の高さです。（下図をご覧ください）

　たとえば sin 20°の値は約 0.342 です。なぜなら、斜辺の長さが1、角度が 20°であるような直角三角形の高さは約 0.342 であるからです。

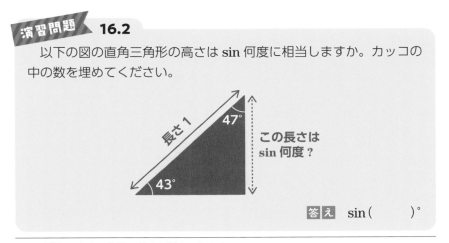

演習問題 16.2

　以下の図の直角三角形の高さは sin 何度に相当しますか。カッコの中の数を埋めてください。

答え　sin (　　　)°

※1：斜辺は、直角三角形の斜めの辺のことです。

16.3 ▶ 三角比とは⑵：cos

次は 2 つ目の cos（コサイン）について説明します。**cos x** は、斜辺の長さが 1、角度が x であるような直角三角形の底辺の長さです。

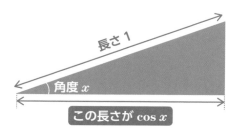

たとえば cos 20°の値は約 0.940 です。なぜなら、斜辺の長さが 1、角度が 20°であるような直角三角形の底辺の長さは約 0.940 であるからです。

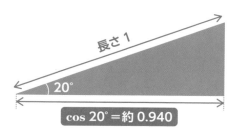

演習問題 16.3

以下の図の直角三角形の底辺の長さは、cos 何度に相当しますか。カッコの中の数を埋めてください。

答え　cos（　　　）°

16.4 ▶ 三角比とは⑶：tan

最後に3つ目のtan（タンジェント）について説明します。**tan x** は、底辺の長さが1、角度が x であるような直角三角形の高さです。

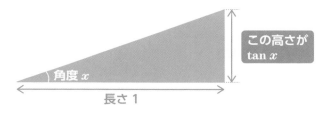

たとえば tan 20°の値は約0.364 です。なぜなら、底辺の長さが1、角度が20°であるような直角三角形の高さは約0.364 であるからです。

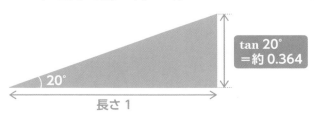

演習問題 16.4

以下の直角三角形の高さは何メートルですか。ただし、tan 38°＝0.781、tan 52°＝1.280 とします。

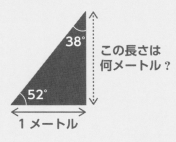

答え （　　　　）メートル

16.5 ▶ 三角比のまとめ

ここまでの内容をまとめると下図のようになります。tan だけは sin や cos とは違って、底辺の長さが 1 となっていることに注意してください。

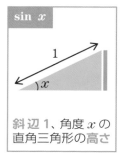

sin x

斜辺 1、角度 x の
直角三角形の高さ

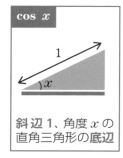

cos x

斜辺 1、角度 x の
直角三角形の底辺

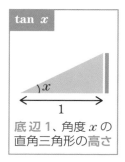

tan x

底辺 1、角度 x の
直角三角形の高さ

なお、残った sin と cos は覚えるのが難しいですが、**角度が小さいときに短くなるのが sin**、と思っておくと良いでしょう。

　16.5

以下のカッコの中に、sin/cos/tan のいずれかを書いて文章を完成させてください。
- 斜辺 1、角度 10°の直角三角形の高さは ( ) 10°
- 底辺 1、角度 28°の直角三角形の高さは ( ) 28°
- 斜辺 1、角度 75°の直角三角形の底辺の長さは ( ) 75°

16.6 ▶ 三角比を計算する方法

三角比は 30°や 45°のような一部の角度を除いて、人間が手で計算するのは非常に難しいので、基本的には**電卓機能**を使って計算します。

ここでは例として、Excel で計算する場合を説明します。まず、sin 20°を計算したいときは＝SIN（RADIANS（20））と入力すれば良いです[※2]。（0.34202 という値が出てくると思います）

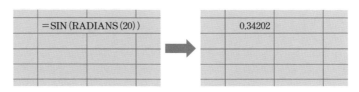

また、cos 20°を計算したいときは ＝COS（RADIANS（20））と入力すれば良いです。（0.939693 という値が出てくると思います）。

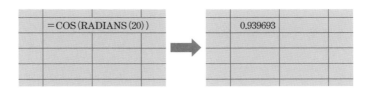

なお、Excel を持っていない方もご安心ください。Google で sin（20deg）や cos（20deg）のように検索しても、三角比の値を計算することができます。

演習問題 16.6

電卓機能を使って、tan 80°の値を計算してください。小数第三位を四捨五入し、小数第二位までの概数で答えてください。

答え　約（　　　）

※2：SIN（20）と間違えないようにしてください。SIN（RADIANS（20））が正解です。

第 5 部　その他のトピック

16.7 ▶ 三角比が使える例(1)：傾斜

それでは、三角比が使える身近な問題をいくつか紹介します。1つ目の例は傾斜です。もし傾斜8°の坂を100メートル歩いたとき、高度としては何メートル上がったのでしょうか。（→ 168ページ）

まず、斜辺1／角度8°の直角三角形の高さは sin 8°です。
つまり、斜辺100／角度8°の直角三角形の高さは 100×sin 8°です。

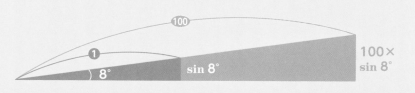

そこで sin 8°の値を電卓で計算すると約0.14になるので、答えは 100×0.14＝**14メートル**であるとわかります。

 16.7

傾斜2°の坂を500メートル歩いたとき、上がった高度は何メートルでしょうか。ただし、sin 2°=0.035 であるとします。

答え （　　　）×（　　　）＝（　　　）メートル

16.8 ▶ 三角比が使える例(2)：飛行機

2つ目の例は飛行機です（26ページで出てきた飛行機の絵を覚えていますでしょうか）。飛行機が降下するときの角度は3°が標準的であるといわれています。現在降下中の飛行機の高度が1200メートルであるとき、目的地までの水平距離は何kmであると考えられますか。

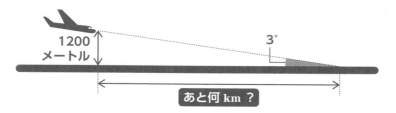

まず、飛行機の現在位置と目的地の関係は下図の三角形のようになります。（目的地側の角度が3°なので、飛行機側の角度が87°となっていることに注意してください）

これを左に90度回転させると右図のようになります。計算したい距離は底辺1200／角度87°の直角三角形の高さなので、答えは1200×tan 87°メートルです。

そこでtan 87°の値を電卓で計算すると約19.08なので、答えは1200×19.08＝22896メートル、つまり**約23km**であるとわかります。

16.9 ▶ 三角関数とは

最後に三角関数について説明します。三角関数は、**関数 $y = \sin x$、関数 $y = \cos x$、関数 $y = \tan x$** のことです。[※3]

それでは、三角関数のグラフはどのような形になるのでしょうか。まずは例として、$y = \sin x$ のグラフをかいてみましょう。

Step 1

まず、電卓機能を使って $x = 0°$、$10°$、$20°$、…、$90°$のときの y の値を計算すると以下のようになります。（$\sin 0°$が 0 になる理由は本章最後のコラムをご覧ください）

x の値	y の値	x の値	y の値
0°	$\sin 0° = 0$	50°	$\sin 50° = $約$0.766$
10°	$\sin 10° = $約$0.174$	60°	$\sin 60° = $約$0.866$
20°	$\sin 20° = $約$0.342$	70°	$\sin 70° = $約$0.940$
30°	$\sin 30° = 0.5$	80°	$\sin 80° = $約$0.985$
40°	$\sin 40 = $約$0.643$	90°	$\sin 90° = 1$

Step 2

次に、$x = 0°$、$10°$、$20°$、…、$90°$のときの y の位置をグラフ上に打つと、以下のようになります。

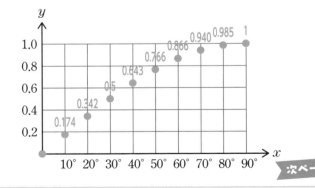

次ページへ続く

最後に、打った点を自然に結ぶ線を引くと、グラフが完成します。※4

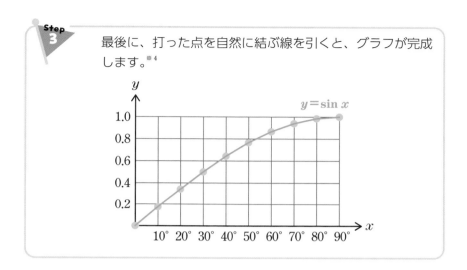

このように、関数 $y=\sin x$ のグラフは**右肩上がりだが 90°に近づくにつれて増加が緩やかになる形**をかきます。

同様に、関数 $y=\cos x$ のグラフは下図左側のようになり、$y=\sin x$ のグラフを左右反転させたような形をかきます。

そして関数 $y=\tan x$ のグラフは下図右側のようになり、90°に近づくにつれて一気に増えるような形をかきます。

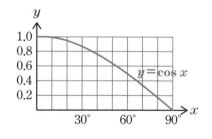
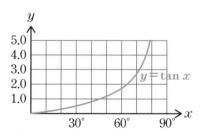

※3：実は大学レベルになると、$y=\sec x$ などの "第四の三角関数" も出てくるのですが、本書では扱わないことにします。

※4：本当は 90°より先にもグラフが続いているのですが（例：$\sin 100°=$ 約 0.985）、「高校数学の基礎」では 90°まで知っておけば十分です。

以上をもちまして、「高校数学の基礎」で学ぶ内容はすべて終わりとなります。第2部の関数から始まり、第3部の場合の数と確率統計、第4部の微分積分、そして第5部のその他のトピック。本書ではかなり多くの内容を説明しましたが、これで完全制覇です。お疲れ様でした。

chapter 16 のまとめ

▶ $\sin x$ は、斜辺 1 ／角度 x の直角三角形の「高さ」
▶ $\cos x$ は、斜辺 1 ／角度 x の直角三角形の「底辺」
▶ $\tan x$ は、底辺 1 ／角度 x の直角三角形の「高さ」
▶ 三角関数は、関数 $y = \sin x$、$y = \cos x$、$y = \tan x$ のことである

sin 0°が 0 になる理由

16.9 節で書いたとおり、sin 0°の値は 0 になることが知られています。しかし、角度 0°の直角三角形は存在しないのに、なぜこのようになるのでしょうか。この理由は、**角度を徐々に小さくしていくと、直角三角形の高さが 0 に近づいていくから**です。

もう少し詳しく説明しましょう。まず、斜辺の長さが 1、角度が 10°の直角三角形の高さは約 0.174 です。（下図をご覧ください）

次に、この角度を徐々に小さくすると、高さが約 0.087、約 0.035、約 0.017 と減っていきます。

そして角度を 0°にすると、最終的には高さが 0 になります。これが sin 0°=0 となる直感的な理由です。

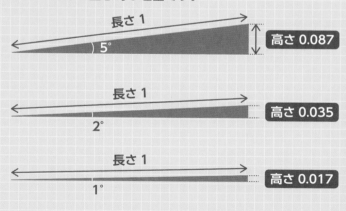

問題 1

288 と 400 の最大公約数をユークリッドの互除法で計算してください。

$$(\qquad) ÷ (\qquad) = (\qquad) 余り (\qquad)$$
$$(\qquad) ÷ (\qquad) = (\qquad) 余り (\qquad)$$
$$(\qquad) ÷ (\qquad) = (\qquad) 余り (\qquad)$$
$$(\qquad) ÷ (\qquad) = (\qquad) 余り (\qquad)$$
$$(\qquad) ÷ (\qquad) = (\qquad) 余り (\qquad)$$

最後に割った数は（　　　　）であるため、最大

公約数は（　　　　）である

問題 2

2 進法で 1001111 の次に来る数は何ですか。

$$(\qquad\qquad)$$

問題 3

等差数列 26、24、22、20、18、16、14 の合計を、数列の和の公式を使って計算してください。

最初は（　　　）、最後は（　　　）、数列の長さは（　　　　）
したがって、合計は
$$\{(\qquad) + (\qquad)\} × (\qquad) ÷ (\qquad) = (\qquad)$$

問題 4

$\sin 10° = 0.174$、$\cos 10° = 0.985$、$\tan 10° = 0.176$ とするとき、傾斜 10°の上り坂を 1500 メートル歩いたときの高度の上昇は何メートルですか。

$$(\qquad) × (\qquad) = (\qquad) メートル$$

第**6**部

本書の内容を
振り返ってみよう

この部のゴール

　高校数学の基礎で扱う内容は、第5部で終わりです。たくさんの項目がありましたが、ここまでを読破しただけでも本当に素晴らしいことだと思います。お疲れ様でした。

　しかし、この本の前半で学んだ内容をもう忘れてしまったという方も多いでしょう。そこで本書最後となる第6部では、学んできた内容を10分程度でおさらいし、確認テストを解いて知識を確実なものにすることが目標です。

　マラソンに換算すれば残り3キロ、いよいよラストパートです。頑張ってください。

chapter 17 高校数学の基礎を総仕上げ

高校数学の内容は第5部で終わりです。しかし、最初の方で扱ったトピックを忘れている方も多いと思うので、最後に本書で学んだ内容を振り返ってみましょう。

17.1 ▶ この本で何を学んだか

全部で約200ページにわたることになった本書では、大きく分けて以下の4つのテーマを学びました。

・いろいろな関数
・場合の数と確率統計
・微分積分
・その他のトピック

それでは各テーマについて、3分程度でおさらいをしましょう。

PART2
関数

PART3
場合の数 / 確率統計

PART4
微分積分

PART5
その他のトピック

　高校までで学ぶ代表的な関数として、一次関数・二次関数・指数関数・対数関数の 4 つがあります。それぞれ以下のようなものです。

	関数の形	具体例
一次関数	$y=\boxed{数値}x+\boxed{数値}$	$y=3x+4$
二次関数	$y=\boxed{数値}x^2+\boxed{数値}x+\boxed{数値}$	$y=3x^2+4x+5$
指数関数	$y=\boxed{数値}^x$	$y=3^x$
対数関数	$y=\log_{\boxed{数値}}x$	$y=\log_3 x$

　ただし、対数 log は「**何乗したら目的の値になるか**」を表します。たとえば $\log_2 x$ は「2 を何乗したら x になるか」を表し、

- $\log_2 2=1$（2 を 1 乗したら 2 になる）
- $\log_2 4=2$（2 を 2 乗したら 4 になる）
- $\log_2 8=3$（2 を 3 乗したら 8 になる）

となります。次に、それぞれの関数のグラフの形は、基本的には[※1]以下のようになります。特に一次関数は直線、二次関数は放物線（または上下逆）のような形を描きます。

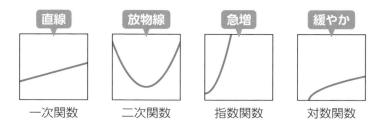

直線	放物線	急増	緩やか
一次関数	二次関数	指数関数	対数関数

[※1]：ただし指数関数のグラフは、$y=0.8^x$ や $y=0.1^x$ のように掛けられる数が 1 未満の場合は右肩下がりに減少し、急激に 0 に近づきます。対数関数でも、$y=\log_{0.8}x$ や $y=\log_{0.1}x$ などのグラフは右肩下がりになります。

第 6 部　本書の内容を振り返ってみよう

17.3 ▶ 第3部「場合の数／確率統計編」

まずは場合の数(7章)について確認します。パターン数を数える一番簡単な方法は、以下のような樹形図をかくことです。

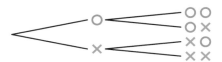

しかし、樹形図をかくと時間がかかってしまいます。そこで対処法として、以下の3つの公式が使えることがあります。

公式1：積の法則

1つ目の物事の起こり方が a 通り、2つ目の物事の起こり方が b 通りのとき、2つの物事の起こり方の組み合わせは $a \times b$ 通り

例：服のサイズの選び方が3通り、色の選び方が6通りあるとき、服の選び方は $3 \times 6 = 18$ 通り

公式2：順列公式

n 人中 r 人を順番込みで選ぶ方法の数は、「$n-r+1$ から n までの掛け算」

例：7人中3人を順番込みで選ぶ方法は $7 \times 6 \times 5 = 210$ 通り

公式3：組み合わせ公式

n 人中 r 人を順番無視で選ぶ方法の数は、「順番込みで選ぶ方法の数」に「1 から r までの掛け算」を割った値

例：7人中3人を順番無視で選ぶ方法は $210 \div (1 \times 2 \times 3) = 35$ 通り

次に確率（8 章）について確認します。確率とは、**ある事柄がどれくらい起こりやすいか**を表す値です。確率は 0 以上 1 以下の数値、または 0%以上 100%以下の数値で表されます。

また、期待値は「**平均してどれくらいのスコアが見込めるか**」を表す値であり、下図のように「スコア×確率」の合計で計算することができます。

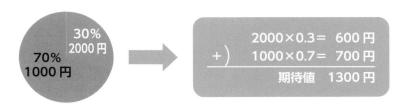

次に統計（9・10 章）について確認します。世の中は、売上やテストの点数などのさまざまなデータであふれています。しかし、データをただの数字の羅列として見るだけでは、データの特徴を簡単につかむことができません。そこで本書では、以下の 3 つの道具を学びました。

❶**ヒストグラム**：各点数帯に何人いるのかを表す棒グラフ
❷**平均値**：合計値をデータ数で割った値
❸**標準偏差**：データのバラつき度合いを表す値

ここで、標準偏差は「**平均とのズレの二乗を平均して、ルートする**」という方法で計算することができます。

たとえば 5、35、50、65、95 というデータの標準偏差は 30 です。なぜなら各データの「平均値 50」とのズレはそれぞれ 45、15、0、15、45 であるため、ズレの 2 乗の平均は $(45^2+15^2+0^2+15^2+45^2)\div5=900$ となり、それをルートすると 30 であるからです。

そして本書では発展的なトピックとして、2 つのデータの間の関係の強さを -1 以上 $+1$ 以下の値で表す「相関係数」についても紹介しました。

微分とは、**ある瞬間における変化の速さ**を求めることです。たとえば下図の気温のグラフについて、午前8時に毎時何℃のペースで気温が上がっているかを求めることは微分です。

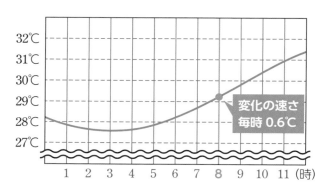

一方、積分とは**累積的な値**を求めることです。たとえば下図の新幹線の速度グラフについて、0分から4分までの間に何キロメートル進んだかを求めることは積分です。

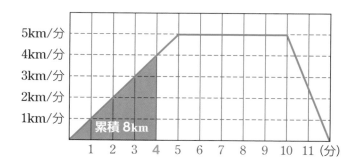

そして、"現在位置"から"新幹線の速度"を調べることが微分、"新幹線の速度"から"現在位置"を調べることが積分であるように、**微分と積分は正反対の操作**になっています。

17.5 ▶ 第5部「その他のトピック」

　まず、整数の性質(13・14章)では、主に以下の2つのトピックについて学習しました。

❶ **ユークリッドの互除法**：ゼロになるまで余りを取り続けることで最大公約数を素早く求める方法。

❷ **2進法**：0と1のみを使って数を表す方法。0 → 1 → 10 → 11 → 100 → 101 → 110 →…と続く。

　次に数列(15章)について確認します。まず、**等差数列**とは「10、12、14、16、18、20」のように、同じ数を足してできる数の並びのことです。一方、**等比数列**とは「3、6、12、24、48、96」のように、同じ数を掛けてできる数の並びのことです。

　そして等差数列の合計は、**(最初＋最後)×(数列の長さ)÷2** という式で簡単に計算することができます。

　最後に三角比と三角関数(16章)について確認します。三角比には主にsin/cos/tanの3種類があり、それぞれ下図のような意味を持ちます。そして三角関数は $y=\sin x$ や $y=\cos x$ のような関数のことを指します。

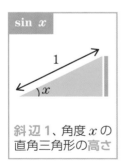

$\sin x$

斜辺1、角度 x の直角三角形の**高さ**

$\cos x$

斜辺1、角度 x の直角三角形の**底辺**

$\tan x$

底辺1、角度 x の直角三角形の**高さ**

　最後に確認テストを5問出題しますので、ぜひチャレンジしてみてください。満点は120点です。数学的知識をしっかり使えるかどうかが重要ですので、本書の解説を読んだり、電卓機能を使ったりしながら問題を解いても構いません。

　なお、「すでに答えを書き込んでしまったが解きなおしをしたい」という方のために、確認テストのPDF版を以下のURLに用意しましたので、ぜひご活用ください。

　・https://www.diamond.co.jp/books/117804/01.pdf

問題1 ［配点25点］

(1)　関数 $y=0.5x+1$ のグラフ、関数 $y=x^2-5x+7$ のグラフを次の(a)〜(c)の中から選んでください。［4点 ×2］

(a)
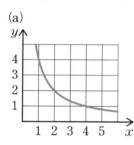

(b)
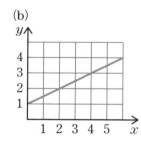

(c)
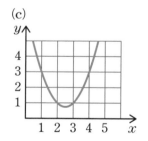

$y=0.5x+1$：_____

$y=x^2-5x+7$：_____

(2)　一辺が x メートルの正方形の形をしている公園の面積 y は、どのような関数で表されますか。一次関数・二次関数・指数関数・対数関数の中から選んでください。［5点］

答え：_____

(3) ある感染症は、1 週間で感染者数が 10 倍に増えてしまいます。現在の感染者数が 1 人のとき、感染者数が 1 万人、100 万人に達するのはそれぞれ何週間後でしょうか。[4 点 ×2]

1 万人： 週間後

100 万人： 週間後

(4) 先程の感染症について、感染者数が x 人に達するまでにかかる時間 y はどんな関数で表されますか。(ヒント：$x=100$ のとき $y=2$ です)[4 点]

答え：$y=$

問題 2 [配点 30 点]

(1) 太郎君の直近 4 日の起床時刻は、6 時 20 分、6 時 40 分、6 時 40 分、7 時 40 分でした。起床時刻の平均と標準偏差をそれぞれ求めてください。計算のために以下の表を使ってもかまいません。[5 点 ×2]

	起床時刻	平均とのズレ（分）	平均とのズレの二乗
1 日目			
2 日目			
3 日目			
4 日目			

平均： 時 分

標準偏差： 分

(2) 太郎君の今の月給は 20 万円ですが、次昇給すると 30 万円になります。来月昇給しない確率が 80%、昇給する確率が 20% のとき、来月の月給の期待値は何万円ですか。[7 点]

答え： 万円

第 6 部 本書の内容を振り返ってみよう

(3) 次の 4 つのデータを相関係数の小さい順に並べ替えてください。[7 点]

Ⓐ
国語の点数
英語の点数

Ⓑ
国語の点数
英語の点数

Ⓒ
国語の点数
英語の点数

Ⓓ
国語の点数
英語の点数

答え：＿＿＿＿＿＿＿＿＿

(4) 10 人の中から 3 人の給食当番を選ぶ方法は全部で何通りですか。ただし 3 人を選ぶ順番は無視するものとします。[1 点 ×6]

> まず、10 人の中から 3 人を順番込みで選ぶ方法
> の数は (　　　　) × (　　　　) × (　　　　) = (　　　　)
> 通りである。
> これが順番無視になるとパターン数が (　　　　) 分
> の 1 になるので、答えは (　　　　) 通りである。

問題 3 ［配点 20 点］

(1) 車の移動速度のグラフから、直近 5 分間で車が何メートル移動したかを求めるのは、微分・積分のどちらですか。[6 点]

答え：＿＿＿＿＿＿＿＿＿

(2) 内閣支持率のグラフから、いま内閣支持率がどのくらいのペースで上がっているのかを求めるのは、微分・積分のどちらですか。[5 点]

答え：＿＿＿＿＿＿＿＿＿

(3) 関数 $y=2x^2$ の $x=1$ における微分係数の大まかな値を、以下の空欄を埋める形で計算してください。[1 点 ×4]

> $x=0.9$ のとき、y の値は（　　　）である。
> $x=1.1$ のとき、y の値は（　　　）である。
> x が 0.2 増えると、y の値が（　　　）増えている。
> したがって、大まかな微分係数は（　　　）である。

(4) 関数 $y=60x^2$ の 1 から 3 までの積分を、140 ページで紹介した積分公式を使って計算してください。[1 点 ×5]

> Step1 を行うと、式は（　　　）となる。
> Step2 を行うと、式は（　　　）となる。
> この式に $x=1$ を当てはめると（　　　）、$x=3$ を当てはめると（　　　）になるので、答えは（　　　）。

問題 4 ［配点 25 点］

(1) 10 進法の 18 を 2 進法に変換してください。[5 点]

答え：＿＿＿＿＿＿＿＿＿

(2) あるゲームにはステージ 1 から 100 までの 100 個のステージがあり、各ステージで倒すべき敵の数は次表のとおりです。全ステージをクリアするには、合計何体の敵を倒す必要がありますか。[1 点 ×5]

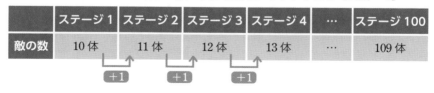

	ステージ 1	ステージ 2	ステージ 3	ステージ 4	⋯	ステージ 100
敵の数	10 体	11 体	12 体	13 体	⋯	109 体

最初が（　　　）、最後が（　　　）、長さが（　　　）の
(等差数列・等比数列) の合計なので、答えは（　　　）体。

(3)　100 と 86 の最大公約数は 2 です。最小公倍数はいくつですか。[6 点]

答え：＿＿＿＿＿＿＿＿＿＿＿

(4)　太郎君は、図 A のような観覧車に乗っています。この観覧車の半径は 50 メートルであり、最上部の地上からの高さは 110 メートルです。また、この観覧車は 12 分で反時計回りに 1 周します。

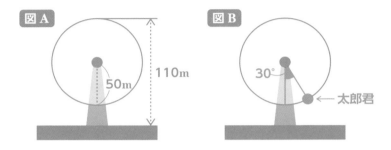

太郎君は 1 分前に観覧車に乗ったので、現在位置は図 B のようになります。彼は今地上何メートルの高さにいますか。[3 点 ×3]

まず、cos30° の値は約 0.866 であるため、太郎君の位置は観覧車の中心より約（　　　　）メートル低いということがわかる。

つまり、観覧車の最上部より（　　　　）メートル低いので、太郎君は地上（　　　　）メートルの高さにいる。

ヒント

右図の三角形に注目しましょう。
? の部分は何メートルですか？

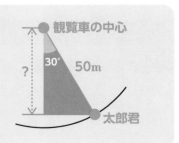

問題 5 [発展問題、配点 20 点]

成功する確率が 10% や 20% しかない物事に取り組むのは難しいですが、あきらめずに何度もチャレンジすると、最後はほぼ確実に成功します。本問題ではこの事実を数学的に分析してみましょう。

(1) 成功率 20%、つまり失敗率 80% の挑戦を 1 回、2 回、3 回行ったとき、全部失敗する確率は何パーセントですか。ただし、各回の結果は、他の回の結果に影響しないものとします。[3+3+2 点]

> 1 回目：　　　　%
> 2 回目：　　　　%
> 3 回目：　　　　%

(2) 成功率 20% の挑戦を 1 回、2 回、3 回行ったとき、一度でも成功する確率は何パーセントですか。（一度でも成功する確率は、「全部失敗する」以外の確率と同じです）[2 点 ×3]

> 1 回目：　　　　%
> 2 回目：　　　　%
> 3 回目：　　　　%

(3) 成功率 20% の挑戦を何回行えば、一度でも成功する確率が 99% に達しますか。以下の空欄を埋める形で答えてください。なお、計算にあたっては Excel などの電卓機能を使ってもかまいません。[1 点 ×6]

> まず、成功率 20%、つまり失敗率 80% の挑戦を x 回行ったとき、全部失敗する確率は（　　　　）の x 乗である。
> そこで一度でも成功する確率を 99% にするためには、全部失敗する確率を（　　　　）% にしなければならないので、必要な挑戦回数は $\log_{(\quad)}$（　　　　）回。
> これを電卓で計算すると約（　　　　）なので、（　　　　）回の挑戦を行うと、最終的な成功率が 99% を超える。

問題は以上です

確認テストの問題は以上です。お疲れさまでした。なお、解答と解説は本書巻末に掲載されておりますので、ぜひ採点してみてください。60点ほどあれば、高校数学の基礎をある程度理解できているといえます。

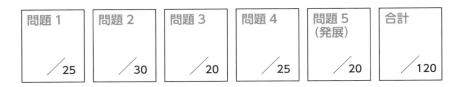

問題1	問題2	問題3	問題4	問題5 （発展）	合計
／25	／30	／20	／25	／20	／120

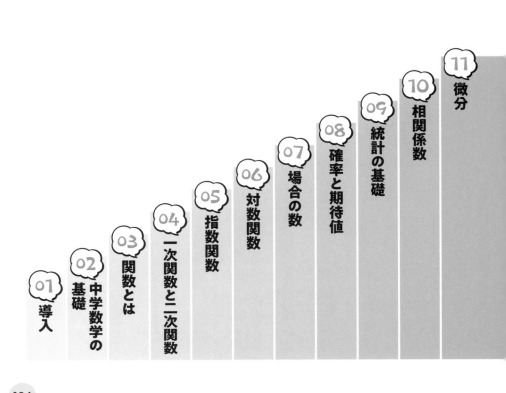

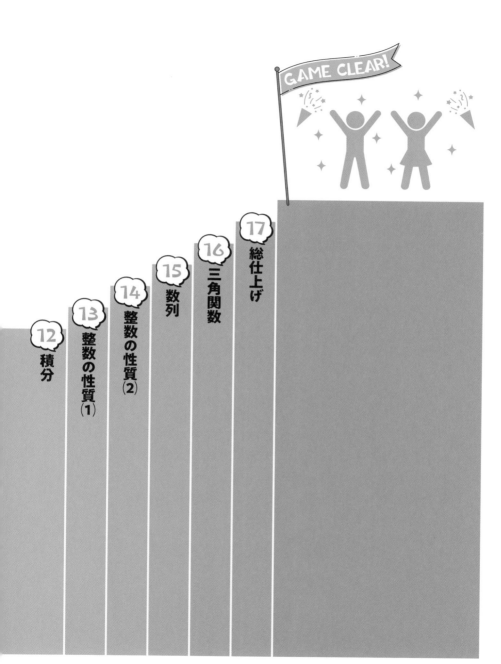

GAME CLEAR!

12 積分

13 整数の性質(1)

14 整数の性質(2)

15 数列

16 三角関数

17 総仕上げ

第6部　本書の内容を振り返ってみよう

おわりに

　約200ページにわたる本書も、いよいよフィナーレを迎えることになりました。関数から微分積分までの様々な内容を扱いましたが、最後までお読みいただき誠にありがとうございました。

　さて、皆さんは本書を取る前、高校数学に対してどんな印象を持っていましたか。三角関数、微分積分、標準偏差、指数対数といったキーワードを聞いただけで、これは難しくて理解できないぞ、と感じる方も多かったことかと思います。

　しかし、本書を読み終えた皆さんは、いま高校数学の基礎というアイテムを身に付けたといえます。もちろん本書は高校数学の「基礎」しか扱っていないのですが、基礎というものは何事においても重要ですので、これからも自信を持って数学と向き合っていただけたらと思います。

　最後に、本書の中には難しくて理解できなかった章もあるかもしれませんが、もし何か一つでもためになることが得られたのであれば本当に嬉しいです。そして、本書が何らかの形で日本の教育の向上に少しでも寄与することができたならば、私としてはこの上なく嬉しいです。

2023年6月23日

米田優峻

謝　辞

　本書の執筆にあたっては、たくさんの方々のお力添えがありました。まず私は以前アルゴリズム（情報科学の一分野）の本を書いたことはありましたが、このような数学の本を書くことは考えていませんでした。

　しかし、ダイヤモンド社の和田史子さんは、私のこれまでの著作を見て、「この人ならば数学が苦手な自分でもわかる本を書けるのではないか」と思って声を掛けてくださいました。これがなければ、本書が誕生することはありませんでした。

　また、ダイヤモンド社の石田尾孟さんは、和田さんとともに数学が得意でない人の視点から原稿のレビューをしてくださいました。「自分も絶対に数学を理解したい！」という熱意が、この本を大幅にわかりやすくしてくれたのは間違いありません。

　さらに、以下の8名の方々からは、様々な視点から原稿に対するコメントをいただきました。高校数学の本を書くのがはじめてだった私にとって、大きな助けとなりました。

井上誠大様　　川口音晴様　　杉山聡様　　中村聡志様
諸戸雄治様　　横山明日希様　米田寛峻様　綿貫晃雅様

　もし読者が本書を理解することができたならば、上記の計10名のおかげであることは間違いありません。本当にありがとうございました。

問題 2.1　　-4

問題 2.2　　-1 足す -6 は -7、-1 引く -3 は 2

　　　　　　解説　下図の数直線を考えましょう。-1 足す -6 は「-1 から左に 6 進む」ことに対応し、-1 引く -3 は「-1 から右に 3 進む」ことに対応します。

問題 2.3　　10 割る 4 は 2.5 なので、答えは -2.5

　　　　　　解説　-10 と 4 の片方だけがマイナスなので、答えはマイナスです。

問題 2.4　　$7×7＝49$

　　　　　　解説　7^2 は 7 を 2 回掛けた数なので、答えは $7×7＝49$ です。

問題 2.5　　6

　　　　　　解説　$6×6＝36$ なので、$\sqrt{36}$（2 回掛けて 36 になる数）は 6 です。

問題 2.6　　$a^2\,[\mathrm{cm^2}]$（※ a^2 は a の 2 乗）

問題 2.7　　$500a＋100b$

　　　　　　解説　合計金額は $500×a＋100×b$ なので、文字式の書き方のルールにしたがうと $500a＋100b$ となります。なお、ここでは $100b＋500a$ でも正解とします。

確認問題 1　　18

　　　　　　解説　-3 と -6 の両方がマイナスなので、答えにはマイナスが付きません。

確認問題 2　　$7a$ ページ

　　　　　　解説　読むページ数は $7×a$ ページですが、2.8 節の文字式のルールにしたがって書くと $7a$ ページとなります。

問題 3.1　　$y = 1500x$

　　　　　解説　給料 y は $1500 \times$（労働時間 x）で表されます。

問題 3.2　　$y = x^3$

　　　　　解説　立方体の体積 y は一辺の長さ x の 3 乗です。

問題 4.1　　[○] $y = 4x + 8$

　　　　　[○] $y = x + 1$（**解説**　$y = 1x + 1$ と同じです）

　　　　　[○] $y = -x + 1$（**解説**　$y = -1x + 1$ と同じです）

　　　　　[○] $y = -77x$（**解説**　$y = -77x + 0$ と同じです）

　　　　　[　] $y = x^3$

問題 4.2　　(c)

　　　　　解説　一次関数のグラフは直線であり、(a) 〜 (c) の中で直線のグラフは (c) しかありません。

問題 4.3　　$y = 50x + 800$

　　　　　解説　x 年後の年収は $50 \times$（年数）$+ 800$ という式で表されます。間違えて $y = 800x + 50$ にしないようにしましょう。

問題 4.4　　$y = 30x + 1200$

　　　　　解説　x kWh の電気を使ったときの電気代は $30 \times x + 1200$ 円です。

問題 4.5　　[○] $y = -3x^2 - 4x - 5$

　　　　　[　] $y = 1 \div (x + 1)$

問題 4.6　　(a)

　　　　　解説　二次関数のグラフは放物線または放物線の上下逆であり、このような形になっているグラフは (a) しかありません。

問題 5.1　答えは以下の表のとおり

累乗	2^1	2^2	2^3	2^4	2^5	2^6
答え	2	(4)	(8)	(16)	(32)	(64)

問題 5.2　[○] $y=10^x$

　　　　　[ ] $y=2x+1$

問題 5.3　5 万 9049 人

解説　3 の 10 乗は 59049 です。

問題 5.4　$y=1.3^x$

解説　年 30% 成長は年に 1.3 倍になることを意味します。

問題 5.5　答えは以下の表のとおり

累乗	10^{-2}	10^{-1}	10^0	10^{-1}	10^{-2}	10^{-3}
答え	(0.01)	(0.1)	(1)	10	100	1000

÷10　÷10　÷10

問題 5.6　2 の 100 乗

解説　$2^{84}\times2^{16}=2^{84+16}=2^{100}$ です。

問題 6.1　3

解説　5 を 3 乗すると 125 になるので、$\log_5 125=3$ です。

問題 6.2　[○] $y=\log_8 x$

　　　　　[ ] $y=3^x$（ 解説 これは対数関数ではなく指数関数です）

問題 6.3　$\log_{1.1} 20$ 年

解説　必要な年数は「1.1 倍を何乗すれば 20 倍になるか」です。

確認問題 1　上から順に A，D，B，C

確認問題 2　指数関数

解説　人口が何倍になったかは、関数 $y=1.05^x$ で表されます。

演習問題　解答（第 3 部）

問題 7.1　樹形図は以下のようになるので、答えは 4 通り

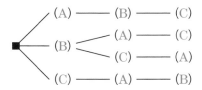

問題 7.2　1問目の答えは2通り
2問目の答えは2通り
よって、答えの組み合わせは2×2＝4通り

問題 7.3　1問目の答えは2通り
2問目の答えは2通り
3問目の答えは2通り
よって、答えの組み合わせは2×2×2＝8通り

問題 7.4　4人の中から2人を順番込みで選ぶので、答えは3から4までの掛け算、つまり4×3＝12通り
解説　4から3までの掛け算、および3×4＝12でも正解とします。

問題 7.5　1から3までの掛け算なので、6通り
解説　3×2×1＝6です。

問題 7.6　まず、順番込みで選ぶ方法の数は8×7＝56通り。順番無視にすると、A, Bの2つを並べ替える方法の数2通りが同じものになるので、答えは28通り。
解説　7×8＝56でも正解とします。

問題 8.1　0.05

問題 8.2　25%
解説　4個の選択肢のうち1個が当たりなので、当たる確率は1÷4＝0.25です。これをパーセントに直すと25%となります。

問題 8.3　16%
解説　確率版・積の法則より、両方表になる確率は0.4×0.4＝0.16です。これをパーセントに直すと16%となります。

問題 8.4　(スコア)×(確率)は、1等のとき10000×0.02＝200円
2等のとき3000×0.08＝240円
3等のとき0×0.9＝0円
期待値は、これをすべて足した440円
解説　期待値は(スコア)×(確率)の合計であることを確認しましょう。

問題 9.1 多いのはどのくらいの点数帯かを調べる

平均点を計算してみる　など

解説 他にもさまざまな答えがあります。基本的には何でも正解です。

問題 9.2 まず、各タイムの点数を表にすると以下のようになる

タイム	12分台	13分台	14分台	15分台	16分台
人数	1人	2人	3人	6人	3人

したがって、ヒストグラムは以下のようになる

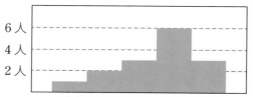

問題 9.3 合計値が 250、データの数が 5 なので、平均値は 250÷5＝50

解説 合計値は 5＋35＋50＋65＋95＝250 です。

問題 9.4 答えは以下の表のとおり

	重さ	ズレ	ズレの二乗
卵 A	50	10	100
卵 B	62	2	4
卵 C	62	2	4
卵 D	66	6	36

平均すると　36
標準偏差は　6

問題 9.5 平均値とのズレは 34.7 であり、これは標準偏差 34.7÷13.7＝約 2.5 個分に相当する。したがって、血圧 150 は特殊なほど高いと考えるべきである。

解説 約を付けず、単に「2.5 個分」でも正解とします。

問題 10.1 前半の表の部分の答えは次のとおり

解説 「最高血圧 − 平均」「最低血圧 − 平均」がマイナスになることがあるので注意しましょう。

	最高血圧	最低血圧	最高血圧 − 平均	最低血圧 − 平均	掛け算
患者 A	140	100	−30	−10	300
患者 B	160	110	−10	0	0
患者 C	170	80	0	−30	0
患者 D	180	120	10	10	100
患者 E	200	140	30	30	900

後半の文章の部分の答えは以下のとおり

次に、掛け算した値を平均すると、260 になる。最後に、これを［最高血圧の標準偏差 20］×［最低血圧の標準偏差 20］＝400 で割ると、相関係数 0.65 が得られる。したがって、最高血圧と最低血圧には正の相関がある。

解説 掛け算した値の合計は 300＋0＋0＋100＋900＝1300 なので、掛け算した値の平均は 1300÷5＝260 となります。

問題 10.2 上から順に○、○、年齢

確認問題 1 積の法則より、13×4＝52 通り

解説 1つ目の物事を「カードの数」、2つ目の物事を「カードの絵」と考えるとわかりやすいでしょう。なお、4×13＝52 でも正解とします。

確認問題 2 20000×0.7＋(−10000)×0.3＝11000 円

解説 問題とは関係ないですが、期待値がプラスなので、投資をすると得であるといえます。

	タイム	ズレ	ズレの二乗
部員 A	235	15	225
部員 B	245	5	25
部員 C	245	5	25
部員 D	275	25	625

平均すると　225
標準偏差は　15

演習問題　解答（第 4 部）

問題 11.1　2 分で 5km 進んでいるので、答えは毎分 2.5km

問題 11.2　$x=0.9$ のとき、y の値は $0.9×0.9×0.9=0.729$

$x=1.1$ のとき、y の値は $1.1×1.1×1.1=1.331$

x が 0.2 増えたとき y は 0.602 増えているので

微分係数はおよそ $0.602÷0.2=3.01$

解説 答えが少しずれていても正解とします。たとえば微分係数を
3.01 ではなく 3 にしても正解です。

問題 11.3　Step1 を行うと、式は $2x^2$ になる

Step2 を行うと、式は $2x$ になる

この式に $x=3$ を当てはめると、6 にな
る

したがって、微分係数は 6

問題 12.1　底辺 3、高さ 3 の三角形なので、答えは
$3×3÷2=4.5$（ 解説 右図をご覧ください）

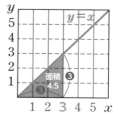

問題 12.2　プラスの部分の面積は 2

マイナスの部分の面積は 0.5

したがって、答えは 1.5

解説 プラスの部分は底辺 2・高さ 2 の三角形であるため面積は
$2×2÷2=2$ ですが、マイナスの部分は底辺 1・高さ 1 の三角形であ
るため面積は $1×1÷2=0.5$ となります。

問題 12.3   Step 1 を行うと、式は $-0.6x^3+3x^2$ になる

Step 2 を行うと、式は $-0.2x^3+1.5x^2$ になる

この式に $x=5$ を当てはめると 12.5 になる

この式に $x=1$ を当てはめると 1.3 になる

したがって、積分の答えは $12.5-1.3=11.2$

確認問題 1   積分

解説 新幹線の例（135 ページ）を思い出してみてください。

確認問題 2   Step 1 を行うと、式は $2x^2-8x$ になる。

Step 2 を行うと、式は $2x-8$ になる。

この式に $x=4$ を当てはめると 0 になる。

したがって、微分係数は 0 である。

確認問題 3   Step 1 を行うと $0.3x^3-0.6x^2+2x$ になる。

Step 2 を行うと $0.1x^3-0.3x^2+2x$ になる。

この式に $x=1$ を当てはめると 1.8 になる。

この式に $x=4$ を当てはめると 9.6 になる。

したがって、積分の答えは 7.8 である。

解説 最後の積分の答えが 7.8 である理由は、$9.6-1.8=7.8$ であるからです。

演習問題 　**解答**（第 5 部）

問題 13.1 2

解説 10 の約数 1, 2, 5, 10 と 12 の約数 1, 2, 3, 4, 6, 12 の中に共通して現れる最大の数は 2 です。

問題 13.2 $289 \div 204 = 1$ 余り 85

$204 \div 85 = 2$ 余り 34

$85 \div 34 = 2$ 余り 17

$34 \div 17 = 2$ 余り 0 　よって、最大公約数は 17

解説 最大公約数は「最後の計算結果 2」ではなく、「最後に割った数 17」であることに注意しましょう。

問題 13.3　48

> **解説**　12 の倍数 12, 24, 36, 48,… と 16 の倍数 16, 32, 48, 64,… の中に共通して現れる最小の数は 48 です。

問題 13.4　$62 \times 38 \div 2 = 1178$

問題 14.1　1100

問題 14.2　10100

> **解説**　10011 に 1 を足すと、下線部分に繰り上がりが起こって 10100 になります。わからない方は 10099 に 1 を足すと、下線部分に繰り上がりが起こって 10100 になることをイメージしましょう。

問題 14.3　22

問題 14.4　まず、位 × 数をそれぞれの桁について計算すると、以下のようになる。

　　・32 の位：$32 \times 1 = 32$

　　・16 の位：$16 \times 0 = 0$

　　・8 の位：$8 \times 1 = 8$

　　・4 の位：$4 \times 0 = 0$

　　・2 の位：$2 \times 1 = 2$

　　・1 の位：$1 \times 1 = 1$

これを合計すると 43 なので、10 進法に変換した数は 43 である。

問題 14.5　まず、13 を 2 で割り続けると以下のようになる。

　　・$13 \div 2 = 6$ 余り 1

　　・$6 \div 2 = 3$ 余り 0

　　・$3 \div 2 = 1$ 余り 1

　　・$1 \div 2 = 0$ 余り 1

余りを下から読むと 1101 なので、2 進法に変換した数は 1101 である。

問題 15.1　上から順に B, A, C

> **解説**　上から 1 番目の数列は、1 回で 2 を掛けた等比数列です。上から 2 番目の数列は、1 回で 81 を足した等差数列です。

問題 15.2　7, 11, 15, 19, 23

問題 15.3　等差数列 7, 9, 11, 13, 15 の合計

> **解説**　1 段目の座席数は 7 であり、2 段目以降は前の段より 2 個座

席が多いので、1, 2, 3, 4, 5 段目の座席数は順に 7, 9, 11, 13, 15 になります。

問題 15.4　最初は 7、最後は 15、数列の長さは 5

したがって、合計は $(7+15) \times 5 \div 2 = 55$

問題 16.1　14 メートル

解説　予想をする問題なので、5 メートル以上 30 メートル以下であれば正解とします。

問題 16.2　$\sin 43°$

問題 16.3　$\cos 23°$

問題 16.4　1.28 メートル

解説　三角形の高さは $\tan52°$ メートル、つまり約 1.28 メートルです。

問題 16.5　上から順に $\sin$, $\tan$, $\cos$

解説　間違えた方は、$\sin／\cos／\tan$ がそれぞれどういうものだったかをもう一度確認しましょう。

問題 16.6　約 5.67

問題 16.7　$500 \times 0.035 = 17.5$ メートル

解説　0.035×500 でも正解とします。

確認問題 1　$400 \div 288 = 1$ 余り 112

$288 \div 112 = 2$ 余り 64

$112 \div 64 = 1$ 余り 48

$64 \div 48 = 1$ 余り 16

$48 \div 16 = 3$ 余り 0

最後に割った数は 16 であるため、最大公約数は 16 である

解説　最大公約数は「最後の計算結果 3」ではなく、「最後に割った数 16」であることに注意しましょう。

確認問題 2　1010000

解説　2 進法の 1001111 に 1 を足すと、下線部に繰り上がりが起こって 1010000 になります。

確認問題 3　最初は 26、最後は 14、長さは 7

したがって、合計は $(26+14) \times 7 \div 2 = 140$

確認問題 4　$1500 \times 0.174 = 261$ メートル

解説　16.7 節とほぼ同じ問題なので、間違えた方は復習しましょう。なお、答えについては 0.174×1500 でも正解とします。

確認テスト　解答

問題 1 (1)　$y=0.5x+1$ のグラフは (b)、$y=x^2-5x+7$ のグラフは (c)

解説　一次関数のグラフは必ず直線であり、直線のグラフは (b) しかありません。また、二次関数のグラフは必ず放物線であり、放物線のグラフは (c) しかありません。

問題 1 (2)　二次関数

解説　公園の面積は関数 $y=x^2$ で表され、これは二次関数です。

問題 1 (3)　1 万人：4 週間後

100 万人：6 週間後

解説　10 の 4 乗は 1 万、10 の 6 乗は 100 万です。

問題 1 (4)　$y=\log_{10}x$

解説　感染者数が x 人になるまでの時間は「10 を何乗すれば x になるか」なので、答えは $y=\log_{10}x$ です。

問題 2 (1)　平均は 6 時 50 分、標準偏差は 30 分

解説　標準偏差の計算は以下の表のように行うことができます。

	起床時刻	ズレ	ズレの二乗
1 日目	6 時 20 分	30 分	900
2 日目	6 時 40 分	10 分	100
3 日目	6 時 40 分	10 分	100
4 日目	7 時 40 分	50 分	2500

平均すると 900
標準偏差は 30分

問題 2 (2)　22 万円

> **解説**　期待値は (月給) × (確率) の合計で計算することができるので、答えは 20 万 × 0.8＋30 万 × 0.2＝22 万です。詳しくは下図をご覧ください。

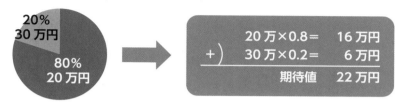

問題 2 (3)　小さい順に A, C, D, B

> **解説**　A は負の相関があり、C は相関がほぼなく、D は一定の正の相関があり、B は非常に強い正の相関があります。

問題 2 (4)　まず、10 人の中から 3 人を順番込みで選ぶ方法の数は $10 \times 9 \times 8＝720$ 通りである。これが順番無視になるとパターン数が 6 分の 1 になるので、答えは 120 通りである。

> **解説**　掛け算の順序が違っても (例：8×9×10) 正解とします。

問題 3 (1)　積分

> **解説**　積分は「累積の値」を求めることです。

問題 3 (2)　微分

> **解説**　微分は「変化の速さ」を求めることです。

問題 3 (3)　$x＝0.9$ のとき、y の値は 1.62 である。

$x＝1.1$ のとき、y の値は 2.42 である。

x が 0.2 増えると、y の値が 0.8 増えている。

したがって、大まかな微分係数は 4 である。

> **解説**　微分係数が 4 である理由は、$0.8 \div 0.2＝4$ であるからです。

問題 3 (4)　Step 1 を行うと、式は $60x^3$ となる。

Step 2 を行うと、式は $20x^3$ となる。

この関数に $x＝1$ を当てはめると 20、$x＝3$ を当てはめると 540 になるので、答えは 520。

問題 4(1) 10010

> 解説　18 を 2 で割り続けると下図のようになり、余りを下から順に読むと 10010 となります。

$$
\begin{array}{|l|}
\hline
18 \div 2 = 9 \,\text{余り}\ 0 \\
\hline
9 \div 2 = 4 \,\text{余り}\ 1 \\
\hline
4 \div 2 = 2 \,\text{余り}\ 0 \\
\hline
2 \div 2 = 1 \,\text{余り}\ 0 \\
\hline
1 \div 2 = 0 \,\text{余り}\ 1 \\
\hline
\end{array}
$$

問題 4(2) 最初が 10、最後が 109、長さが 100 の等差数列の合計なので、答えは 5950 体。

> 解説　等差数列の和の公式 (163 ページ) を思い出しましょう。

問題 4(3) 4300

> 解説　最小公倍数は (1 つ目の数) × (2 つ目の数) ÷ (最大公約数) で計算できるので、答えは $100 \times 86 \div 2 = 4300$ です。

問題 4(4) まず、$\cos 30°$ の値は約 0.866 であるため、太郎君の位置は観覧車の中心より約 43.3 メートル低いということがわかる。つまり、観覧車の最上部より 93.3 メートル低いので、太郎君は地上 16.7 メートルの高さにいる。

問題 5(1) 上から順に 80%、64%、51.2%

> 解説　確率版・積の法則 (8.4 節) を確認しましょう。

問題 5(2) 上から順に 20%、36%、48.8%

> 解説　1 回でも成功する確率は 100% − (全部失敗する確率) です。

問題 5(3) まず、成功率 20%、つまり失敗率 80% の挑戦を x 回行ったとき、全部失敗する確率は 0.8 の x 乗である。

そこで一度でも成功する確率を 99% にするためには、全部失敗する確率を 1% にしなければならないので、必要な挑戦回数は $\log_{0.8} 0.01$ 回。

これを電卓で計算すると約 20.64 なので、21 回の挑戦を行うと、最終的な成功率が 99% を超える。

> 解説　難問です。一番難しい部分は $\log_{0.8} 0.01$ を出すところですが、これは「0.8 を何乗すれば 1% (=0.01) になるかを求めれば良い」と考えると解きやすいです。

索引

［著者］

米田優峻

2002年生まれ。2021年に東京大学に入学。中学1年生の時にプログラミングにハマり、中高生向けのプログラミング世界大会である国際情報オリンピック（IOI）では2018・2019・2020年の3年連続で金メダルを獲得。著書に『問題解決のための「アルゴリズム×数学」が基礎からしっかり身につく本』（技術評論社）『競技プログラミングの鉄則』（マイナビ出版）があり、わかりやすい解説が評判で、2023年6月時点で合計4万部突破のベストセラーに。

Twitter：@e869120

【フルカラー図解】

高校数学の基礎が150分でわかる本

2023年7月25日　第1刷発行
2023年8月31日　第3刷発行

著　者——米田優峻
発行所——ダイヤモンド社
　　　　　〒150-8409　東京都渋谷区神宮前6-12-17
　　　　　https://www.diamond.co.jp/
　　　　　電話／03・5778・7233（編集）　03・5778・7240（販売）
装丁————小口翔平＋須貝美咲（tobufune）
本文デザイン・DTP—明昌堂
校正————ダブルウイング
製作進行——ダイヤモンド・グラフィック社
印刷————新藤慶昌堂
製本————ブックアート
編集担当——和田史子・石田尾孟